Zur Ökologie der andinen Paramoregion

BIOGEOGRAPHICA

Editor-in-Chief

J. SCHMITHÜSEN

Editorial Board

L. BRUNDIN, Stockholm; H. ELLENBERG, Göttingen; J. ILLIES, Schlitz;
H. J. JUSATZ, Heidelberg; C. KOSSWIG, Istanbul; A. W. KÜCHLER, Lawrence;
H. LAMPRECHT, Göttingen; A. MIYAWAKI, Yokohama; W. F. REINIG, Hardt;
S. RUFFO, Verona; H. SICK, Rio de Janeiro; H. SIOLI, Plön; V. SOTCHAVA,
Irkutsk; V. VARESCHI, Caracas; E. M. YATES, London

Secretary
P. MÜLLER, Saarbrücken

VOLUME XIV

DR. W. JUNK B.V., PUBLISHERS, THE HAGUE-BOSTON-LONDON 1978

Zur Ökologie der andinen Paramoregion

H. Sturm

Zur Ökologie der andinen Paramoregion

DR. W. JUNK B.V., PUBLISHERS, THE HAGUE-BOSTON-LONDON 1978

ISBN-13: 978-94-009-9971-8   e-ISBN-13: 978-94-009-9970-1
DOI: 10.1007/978-94-009-9970-1

Cover design Max Velthuijs, The Hague

INHALT

ABSTRACT

In a paramo region near Bogotá (Colombia), 3230 m above sealevel investigations were made of climate, soil, vegetation and fauna. The mean temperature was 8.4 degrees C and the annual rainfall 1221.4 mm. Sometimes great variations of relative humidity and of temperature near the soil surface could be registered. The properties of the black coloured paramo soil, which probably is not a uniform type, are discussed. Its micromorphology and fauna were examined for the first time. The fauna is well developed and takes part intensively in mixing the mineral and organic components. The soil type is classified as being between those which KUBIENA (1953) called 'Pechtorf' and 'Moderranker'.

The vegetation has been characterized by the estimation of the 'Artmächtig-keit' (BRAUN-BLANQUET, 1964) of the single species.

The distribution and net production of *Espeletia grandiflora* H. et B., the most specific plant species in this paramo, is discussed.

The quantitative sampling of the fauna, especially of the arthropod fauna, was carried out by means of a combination of different methods to evaluate the density per litre and the density of activity. The mantle consisting of dead leaves of *Espeletia gr.* proved to be a rich and characteristic 'biotope'.

The facts are discussed, partly by comparing them with corresponding facts from a tropical rain forest.

1. EINLEITUNG

Mit dem Namen Paramo bezeichnet man herkömmlicherweise die alpine, zwischen der oberen Wald- und der Schneegrenze gelegene Region der humiden Andenteile des tropischen Amerika. Ihre charakteristischste Ausbildung zeigt sie in Kolumbien, Venezuela und Ecuador. Auf diese Paramos beziehen sich auch die klassischen Schilderungen von v. HUMBOLDT (1807, 1817), GOEBEL (1891), CUATRECASAS (1934) und DIELS (1934). Hier entfalten sich auch die für die Paramos überaus typischen Espeletienfluren, die von Vertretern der stammbildenden und wollig behaarten Kompositengattung *Espeletia* geprägt sind.

Umfassendere, ökologisch ausgerichtete Arbeiten über die Paramoregion gibt es nicht. Relativ viele Angaben finden sich in den verschiedenen Veröffentlichungen von Carl TROLL (u.a. 1941, Neudruck wichtiger Arbeiten in Sammelband 1966), der den Paramo immer wieder unter geographischen und speziell landschaftsökologischen Aspekten in seine Betrachtungen einbezieht. WEBER (1958) bringt in einer umfangreicheren, ganz überwiegend den mittelamerikanischen espeletienfreien Paramoausläufern gewidmeten Arbeit auch einige allgemeine Angaben zu dieser Region. Erst in neuester Zeit wurden von CARDOZO, LOZANO-C., SCHNETTER, M.L. & SCHNETTER, R. (1976) Daten zu Vegetation und Boden eines Paramos bei Bogotá veröffentlicht, die auf länger dauernden Untersuchungsreihen basieren.

Tierökologische Fragestellungen sind für diese Region so gut wie nicht bearbeitet. Auch qualitative Ansätze, wie sie für die Hochgebirgsregionen Asiens, Afrikas und Indonesiens vorliegen, (vgl. DOCTERS V.L. 1933, SALT 1954, MANI 1962), fehlen.

Ziel der eigenen Untersuchung war es deshalb, die vorliegenden spärlichen Angaben zur Ökologie der Paramoregion zu sichten und durch eigene Beiträge zu ergänzen. Der verlockende Vergleich zwischen zwei verschiedenen Paramogebieten konnte aus zeitlichen und arbeitstechnischen Gründen nur ansatzweise durchgeführt werden. Dafür wurde versucht, eine leicht erreichbare und charakteristische Region möglichst regelmäßig und umfassend über mindestens ein Jahr zu untersuchen. Sehr ähnliche Methoden wurden kurzzeitig aus Vergleichsgründen im tropischen Regenwald des Magdalenatales angewandt (STURM/ABOUCHAAR *et al.* 1970). Die Übertragung auf andere Paramos ist geplant.

Die gewählte Art des Vorgehens, nämlich ein Ökosystem zunächst physiognomisch und möglichst vielseitig zu erfassen, bietet sich gerade für weitgehend unbekannte Systeme an, da aufgrund einer solchen Voruntersuchung ein klareres Bild der Beziehungen insgesamt zu erwarten ist, speziellere Folgeuntersuchungen gezielter angesetzt und wegen der großenteils einheitlichen Methoden und Apparaturen miteinander vergleichbare Daten gewonnen werden (vgl. auch KOEPCKE 1961, S. 19, WALTER 1968, S. 5, VAN EMDEN 1973). Für den Paramo kommt noch hinzu, daß wegen der immer stärkeren Erschließung dieser Region nicht beliebig viel Zeit für ökologische Studien der ursprünglichen Verhältnisse zur Verfügung steht.

Mein Dank für bereitwillig gewährte Unterstützung gilt vor allem den Kollegen an der Universidad Nacional de Colombia in Bogotá, besonders meinem Freund Prof. ABOUCHAAR-L. sowie den Professoren L.E. MORA, R. JARAMILLO, M.T. MURILLO, J. HERNANDEZ, A. FERNANDEZ, P. PINTO, J.M. IDROBO und auch den Wissenschaftlern und Studenten, die mir bei der Beschaffung und Bestimmung des Materials und bei der Durchführung von Exkursionen behilflich waren. Mein Dank gilt auch Frau E. GEYGER (Göttingen) und Herrn S. SLAGER (Wageningen), die entgegenkommenderweise die Bearbeitung der Mikromorphologie der Paramobodenproben übernahmen.

2. ZUR ABGRENZUNG DER PARAMOREGION

Mit dem Wort „páramo" bezeichnet man in Spanien baumfreies Ödland. Die spanischen Kolonisten übertrugen die Bezeichnung auf die baumfreien oder baumarmen besiedlungsfeindlichen Höhenregionen der tropischen Anden. Näheres zum Begriff „páramo" findet sich bei WEBER (1958). In der Literatur wird der Begriff nicht einheitlich gehandhabt. Besonders die untere Grenze wird verschieden definiert. CUATRECASAS (1934 S. 126) möchte den Begriff Paramo lediglich topographisch verstanden wissen und in einer Weise unbestimmt lassen, daß ihm auch die Waldregion nahe der Waldgrenze zugezählt werden kann. WEBER (1958) schließt sich im Prinzip diesem Vorschlag an, betont jedoch, daß er nur das waldfreie Gebiet oberhalb der Baumgrenze zum Paramo zählt. Das Ericaceen- und Chusquea-Gestrüpp schließt er ein, bezeichnet als eigentlichen Paramo jedoch die zumindest teilweise steppenartigen Gebiete und unterteilt diese noch weiter. DIELS (1934) grenzt ähnlich ab und unterscheidet innerhalb der Paramoregion zwei „Hauptassoziationen", den Grasparamo und den Polsterparamo. FOSSBERG (1944) unterscheidet vom Paramo, den er als „predominantly herbaceus belt" charakterisiert, den Subparamo oder Paramillo als „predominantly shrubby belt", vermerkt jedoch, daß der Paramo nicht klar nach oben und unten abgegrenzt werden könne. ESPINAL & MONTENEGRO (1963) führen den Paramo im vorgenannten Sinne nicht als eigene Formation auf. Die zwischen etwa 3000 und 4000 m gelegenen Paramoteile ordnen sie dem Bergwald (bosque montano) zu und gliedern diesen nach den jährlichen Niederschlagsmengen in einen „bosque húmedo montano" (500-1000 mm), einen „bosque muy húmedo montano" (1000-2000 mm) und einen „bosque pluvial montano" (über 2000 mm). Die höchsten schneefreien Regionen, in denen die Vegetation schon spärlich wird, bezeichnen sie als „paramo subalpino", „paramo pluvial subalpino" und „tundra pluvial alpina". Hier wird also der Paramo-Begriff ohne nähere Begründung und im Widerspruch zum eigens zitierten Formationsbegriff von HOLDRIDGE (1947) sehr stark eingeengt und abgewandelt.

Ob ein Superparamo (vgl. Atlas de Colombia 1969) als eigene, in Kolumbien etwa von 4000 m bis zur Schneegrenze reichende Zone besser abgrenzbar ist, muß wegen der wenigen darüber vorliegenden Angaben vorläufig noch offen bleiben. Es ist dies die Zone die CUATRECASAS (1934) als „páramo propiamente dicho" also als Paramo im eigentlichen Sinne bezeichnet. Im Hinblick auf die deutlich spärlichere Bedeckung des Untergrundes durch eine niedrig bleibende Vegetation entspricht sie dem, was WEBER (1958) für die Paramos von Costa Rica den Felsspaltenvegetationstyp nennt. Für die venezolanischen Paramos beschreibt VARESCHI (1956) auf flachgründigen Böden oberhalb von 4200 m eine Grasbüschelvegetation als *Agrostis hankeana*-Stufe. Sie geht noch unterhalb der relativ konstanten Schneegrenze, für Venezuela nach VARESCHI (1970) bei 4850 m, für

Kolumbien bei ca. 4700 m, in eine vegetationslose Kältewüste über.

Andere Schwierigkeiten bei der vertikalen Abgrenzung ergeben sich aus den Veränderungen, die durch den Menschen hervorgerufen worden sind. Besonders das in weiten Paramogebieten Kolumbiens übliche Abbrennen der Vegetation dürfte die natürliche Waldgrenze stellenweise deutlich nach unten verschoben und auch die Zusammensetzung von Teilen der Paramovegetation beeinflußt haben (vgl. Kapittel 6.2.).

Noch uneinheitlicher wird die von der Höhenabgrenzung teilweise abhängige Abgrenzung in der Horizontalen gehandhabt. Nach WEBER (1958) reichen die nördlichsten Ausläufer des amerikanischen Paramogebietes bis Costa Rica, eine stark verarmte Paramoflora sogar bis El Salvador (Monte Cristo-Massiv, Vulkan Santa Ana). Die südliche Grenze wird sehr verschieden gezogen. Nach WEBER-BAUER (1911) reicht die Jalca oder nordperuanische Paramozone auf der West- und Zentralkordillere, mit einer Unterbrechung (?) zwischen dem 5. und 6. Breitengrad bis 7 Grad s.Breite; „dann setzt sie sich als schmaler Streifen auf der Zentralkordillere nach Süden fort, vielleicht durch die ganzen Marañon-Anden; auch am Ostrand der Ucayali-Anden erinnern manche zwischen Schnee- und Gehölzregion liegende Gegenden an die Jalca". C.TROLL (1931/32) läßt einen Perú durchziehenden Paramostreifen nach Süden erst in der Höhe von Arica (etwa

Abb. 1. Paramo mit *Espeletia grandiflora* H. & B. bei der Lagune von Chisacá (3.640 m über NN, ca. 40 km SSW von Bogotá). Die Oberteile der abgestorbenen Blätter sind weitgehend abgebrannt, der Ring aus abgestorbenen Blattbasen um den Stamm ist dagegen noch vollständig erhalten.

4

Abb. 2. Espeletienfluren bei Cumbal (ca. 3.500 m über NN, ca. 70 km SW von Pasto). Typischer Grasparamo. Hang rechts im Mittelgrund ähnlich dicht mit Espeletien bedeckt wie der Vordergrund. Die Gebiete im Hintergrund (ca. 3.100 über NN) werden fast lückenlos für Ackerbau genutzt.

18°30′ s.Br.) enden und zeichnet in dessen Verlängerung einen subtropischen Paramogürtel bis fast in die Höhe von Antofagasta (24° s.Br.). LAUER (1952) geht noch weiter und führt auch für die südchilenischen Andenteile mit Einschluß Feuerlands Paramogebiete auf. Sie sind jedoch durch die bei 30° S verlaufende andine Trockenpunazone von den nördlicheren Teilen isoliert. MANN (1968 S. 180/1) stellt dem „Paramus tropicalis" einen „Paramus frigidus" gegenüber und läßt diesen sich von 38-56 Grad s.Br. erstrecken. Die weiteste Fassung des Begriffes vertritt TROLL (1961): „Ein Ausdruck, den man als Gattungsbegriff für Klima, Pflanzenwelt, Bodentyp und Landschaft bei völlig gleicher ökologischer Situation und außerordentlich ähnlichen Lebens- und Vegetationsformen auch auf die Hochgebirgsstufe der afrikanischen und australasiatischen Gebirge übertragen kann."

Die Schwierigkeit einer Abgrenzung der Paramoregion liegt in der Möglichkeit, verschiedene Kriterien zur Definition des Paramobegriffes heranzuziehen und diese Kriterien verschieden zu bewerten und abzustufen. Der vegetationskundliche Aspekt ist sicher wichtig, aber zweifellos nicht ausreichend. Bei dem derzeitigen Stand der Kenntnisse kann eine Abgrenzung der Paramoregion nur vorläufigen Charakter haben. Sie könnte etwa wie folgt umschrieben werden: Eine alpine (subalpine bis subnivale) zwischen oberer Waldgrenze und Schneegrenze gelegene Region mit mindestens 10 (?) humiden Monaten pro Jahr (vgl. LAUER 1952), mit ausgeprägtem Tageszeitenklima und mit einer Vegetation, in der die rosettige, horstförmige oder polsterförmige Anordnung der lebenden Blätter oder der oberirdischen Teile insgesamt vorherrscht.

Für die z.T. (?) relativ trockenen aber typisch ausgebildeten venezolanischen Paramos müßte überprüft werden, ob sich immer 10 humide Monate nachweisen lassen. Ein ausgeprägtes Tageszeitenklima dürfte bei Schwankungen der mittleren Monatstemperaturen bis 3 Grad C gegeben sein (vergl. TROLL 1932). Die fast reinen Strauchgürtel mit einem hohen Anteil von Ericaceen können nach dem oben Gesagten nicht mehr dem Paramo zugezählt werden. Unter Strauchparamo sollen deshalb im folgenden die Paramoteile verstanden werden, in denen die Strauch- und Zwergstrauchvegetation deutlich hervortritt, aber im Durchschnitt 50% Deckungsgrad nicht überschreitet.

Innerhalb des Paramos im oben umrissenen Sinne sollen für die vorliegende Untersuchung noch die Espeletienfluren abgegrenzt werden (vgl. Abb. 1, 2). Sie dürften im Hinblick auf ihre zentrale Lage, die vorherrschenden Wuchsformen, die Mannigfaltigkeit der Arten und die Bodenbeschaffenheit der typischste Teil der amerikanischen Paramoregion sein. Durch das Auftreten von Espeletien lassen sie sich am leichtesten kennzeichnen und auch leicht weiter unterteilen (vgl. CUATRECASAS 1934, VARESCHI 1953, LOZANO-C. & SCHNETTER 1976). In Kolumbien erreicht das Espeletion (nach CUATRECASAS 1934) seine größte Ausdehnung. Bei grober Schätzung dürfte es hier etwa 10.000-15.000 km² einnehmen. Die venezolanischen Espeletienfluren konzentrieren sich auf die Cordillera de Mérida, die ecuadorianischen, die sich an die kolumbianischen anschließen, reichen nach

6

WEBER (1958, S. 189) zumindest bis in die mittleren Landesteile (Páramo de Llanganates).

Das Höhenvorkommen der Espeletienfluren liegt in Kolumbien in der Regel zwischen 3.200 und 4.300 m, an relativ trockenen Hängen steigen sie gelegentlich bis etwa 3.000 m ab (vgl. VAN DER HAMMEN 1968, S. 188). Für die Küstenkordillere Venezuelas (Pico de Naiguatá) gibt VARESCHI (1954/55) sogar eine untere Grenze von 2000-2400 m an. Als obere Grenze nennt derselbe Autor (1970) 4600 m.

3. UNTERSUCHUNGSGEBIET

Ein von Bogotá aus leicht erreichbares Gebiet mit einheitlicher Paramovegetation wurde im nördlichen Teil des Paramo de Cruz Verde, etwa 3 km vom östlichen Stadtrand entfernt, gefunden. Es wurde wegen seiner Nähe zum bekannten Aussichtsberg Bogotás, dem Cerro de Monserrate als „Páramo de Monserrate" bezeichnet. Die isolierte Lage innerhalb des Schutzgebietes der „Empresa de Acueducto y Alcantarillado de Bogotá D.E.", d.h. des Bogotaner Wasserwerkes, hatte zumindest in den letzten Jahren merkliche menschliche Einflüsse ausgeschlossen. Brandspuren am Stamm älterer Espeletien zeigten, daß das letzte Abbrennen etwa 14 Jahre zurücklag. Innerhalb dieser Region bot sich ein in Richtung NE-SW gestrecktes, nach SE um etwa 10 Grad abfallendes, etwa 3230 m über NN gelegenes Gebiet als Untersuchungsgebiet an (vergl. Abb. 3, 4). Zum Vergleich wurden die Untersuchungen in einigen Fällen auf benachbarte Teile des Strauchparamos und auf zwei kleinere Waldstücke ausgedehnt (vgl. Abb. 3 B,4). Daneben wurden noch folgende Paramos aufgesucht (Entfernungen falls nicht anders angegeben in km Luftlinie vom Observatorio Astronómico Nacional in Bogotá).

Páramo de Chisacá	14.12.1955	bis 3.750 m
35 km SSW (vgl. Abb. 1)	25. 6.1968	3.420 – 3.640 m
Paramos bei Ort und Berg Cumbal ca.		
70 km WSW von Pasto (vgl. Abb. 2)	29.6.-12.7.1956	3.300 – 4.700 m
P. de Cruz Verde (Südteil)	24.11.1955	3.550 m
5 – 10 km SE	14. 3.1969	3.350 m
P. de El Palacio ca. 25 km NE	4. 1.1968	3.300 – 3.500 m
P. de Guasca	4.11.1955	ca. 3.250 m
40 km NE	23. 7.1968	2.950 – 3.100 m
	19. 8.1968	ca. 3.250 m
P. de La Calera	11.11.1967	ca. 3.000 m
12 km NE	20. 4.1969	3.000 – 3.330 m

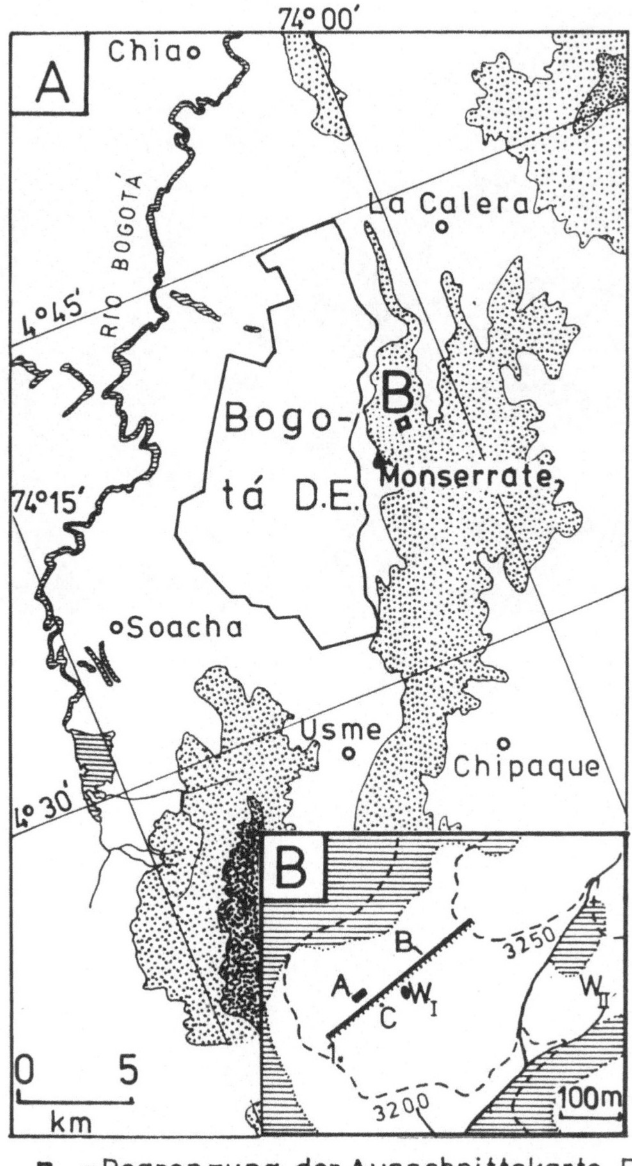

Abb. 3. **A.** Übersichtskarte der weiteren Umgebung des Untersuchungsgebietes, Kartenausschnitt B besonders gekennzeichnet.
B. Ausschnitt aus A mit Untersuchungsgebiet (aus Karte 228-III-C-3 des Inst. Georgr. A. Codazzi), Waldgebiete waagerecht schraffiert. A = Probefläche von Tab. 13, B = Probeflächen von Tab. 12, C = Wetterhäuschen, W_I = Wald I, W_{II} = Wald II, 1. = Quadrat Nr. 1, Tab. 12.

Abb. 4. Blick auf einen **Teil** des Untersuchungsgebietes (im Vordergrund) von SSW. Im Mittelgrund rechts Wald I (vergl. Abb. 3. B).

4. KLIMA

Die ersten Schilderungen des Paramoklimas gehen auf v. HUMBOLDT (1817) und HETTNER (1893) zurück. Sie charakterisieren den Paramo als kalt, regnerisch mit gelegentlichen Hagelschauern, stürmisch und neblig. ESPINOZA (1932) führt für die ecuadorianische Paramoregion eine Reihe von Klimadaten an. Einige weitere Angaben finden sich bei TROLL (1948, 1958, 1959), SCHMIDT (1952) EIDT (1952, 1968), FLOHN (1955, 1968), PANNIER (1956, 1969), WEBER (1958), ARGENIS N. & ARROYO G. (1968), WALTER & MEDINA (1969). SCHNETTER *et al.* (1976) charakterisieren kurz das Klima des südlichen Cruz Verde-Paramos. Wichtige ergänzende Daten bringen zwei in Bogotá erscheinende Veröffentlichungsreihen: „Boletin informativo" und „Boletin meteorológico mensual".

Insgesamt gesehen, sind die Angaben über das Klima der Paramoregion spärlich. Für eine typische Espeletienflur fehlt eine standardisierte Registrierung wichtiger Klimafaktoren über größere Zeiträume hinweg fast vollständig. Nur in Venezuela sind zwei typische Paramostationen mit mehr als dem üblichen Regenschreiber ausgestattet (Mucubají, 3550 m über NN und Pico El Aguila, 4.090 m über NN). Ihre vollständigen Daten sind jedoch kaum zugänglich und z.T. nicht vergleichbar (vgl. ARGENIS N. & ARROYO G. 1968 S. 15). Durch das Entgegenkommen der Herren Dr. GARAVITO und A. OCHOA vom Instituto Geográfico A. CODAZZI war es möglich, am 5.4.68 mitten im Untersuchungsgebiet eine kleine Wetterstation mit den wichtigsten Instrumenten einzurichten. Daneben wurden Messungen zum Mikroklima durchgeführt. Das Wetterhaus wurde zwischen dem 1. und 8.11.68 ausgeraubt, so daß fortlaufende Temperatur- und Luftfeuchtigkeitsangaben nur für gut 1/2 Jahr vorliegen. Der Regenmesser war bis zum 18.4.69 in Funktion.

4.1. Niederschläge

Die Jahresniederschlagsmenge wurde für das Untersuchungsgebiet und für den Zeitraum von April 1968 bis April 1969 zu 1251,4 mm bestimmt. Deutlich höhere Werte (1723,6 bzw. 1933,9 mm) fanden SCHNETTER *et al.* (1976) mittels behelfsmäßiger Geräte vom Februar 1971 bis Juni 1972 für den Südteil desselben Paramos. Weitere Niederschlagsdaten für Paramos und paramonahe Gebiete sind in Tabelle 1 zusammengestellt.

Die Verteilung der Niederschläge auf die verschiedenen Monate zeigt für den Monserrate Maxima im April und November, was recht gut mit den für Bogotá über längere Zeiträume registrierten Maxima übereinstimmt (Tab. 1). Die den trockneren Perioden entsprechenden Minima lagen im März und August und

	LAND Station	Höhe über NN in m	Autor (Quelle)	Jahr(e)	Nieders. pro Jahr in mm													Regentage pro a
						Jan.	Feb.	März	Apr.	Mai	Juni	Juli	Aug.	Sept.	Okt.	Nov.	Dez.	
1.	COSTA RICA Talamanca Kd.	3003	COEN 1953 aus WEBER	1952	2832	(20)	(16)	(22)	(76)	(370)	(357)	(250)	(305)	(460)	(474)	(322)	(160)	
2.	VENEZUELA Mucuchíes	3000	FLOHN 1968	1953-1960	577	8	10	22	63	108	59	62	60	70	78	29	8	
3.	Paramo de Mucuchíes	3500	"	1951-1960	837	11	10	26	69	115	141	137	107	86	82	33	20	181
4.	Pico de Aguila	4118	"	1953-1960	676	8	8	17	53	106	112	102	78	68	72	41	11	
5.	KOLUMBIEN Bogotá C.U.	2560	Boletin inf.	1942-1963	850,9 (927,1)	27,9	123,2	92,4	95,4	124,2	40,2	17,4	27,3	26,6	88,4	153,1	34,8	181
6.	Chitá 6°11'/72°29'	3005	SCHMIDT 1952	1930-34/36	896	19	7	33	64	143	92	106	108	79	105	119	31	
7.	El Granizo 4°38'/74°4'	3125	Boletin inf.	1949-1963	1234,2 (1183,1)	37,6	171,6	55,4	232,0	118,9	77,3	66,0	49,4	61,1	110,2	224,6	34,1	191
8.	El Hato 4°30'/74°17'	3150	"	1942-1963	712,5 (840,2)	29,0	42,8	7,0	105,0	154,5	90,9	43,1	59,5	41,2	48,0	76,0	15,5	157
9.	Paloblanco 4°37'/74°9'	3190	"	1946-1963	1351,3 (1575,6)	30,0	99,0	17,0	236,0	213,0	205,0	182,5	193,5	56,0	37,0	80,0	2,3	195
10.	Quilinzayaco 1°8'/77°5'	ca.3200	Instituto A.CODAZZI	1947 (1946-1949)	1724,2 (1616,5)	137,6	61,7	64,8	187,3	207,5	140,3	233,6	126,6	126,6	146,9	156,9	134,4	
11.	Paramo de Monserrate	3230.	eigene Messungen	1968/1969 16.4.68-15.4.69	1251,4	100,9	56,0	12,2	189,1	62,8	150,6	108,0	43,0	73,8	149,9	260,3	44,8	254
12.	El Verjon 4°39'/74°6'	3249	Boletin inf.	1947-1963	942,3 (1175,4)	—	54,0	17,6	165,3	166,3	98,5	60,5	71,8	47,0	95,3	148,5	17,5	183
13.	El Paso 4°31'/75°31'	3264	Instituto A.CODAZZI	1951-1957 1959/60	1909,5	103,3	79,8	133,2	158,5	196,5	149,0	129,4	82,0	74,6	245,1	247,7	237,5	
14.	Bocagrande 4°32'/74°20'	3500	Boletin inf.	1942-1963	1391,7 (1233,2)	9,2	97,8	30,3	166,6	224,0	208,4	106,6	181,0	105,9	89,3	133,7	38,9	232
15.	ECUADOR Cotopaxi	3600	ESPINOSA 1932	11.1930-10.1931	1071,1	60,3	113,8	147,7	178,8	89,5	74,3	44,8	12,8	52,5	153,5	60,0	83,1	255

Tab. 1. Jährliche Niederschlagsmengen, Verteilung der Niederschläge auf die Monate und Zahl der jährlichen Regentage (z.T.) für einige im Paramo und im Subparamo gelegene Stationen. Die Stationen 2.-4. liegen in der Kord. de Mérida, 9. in der Ostkord. bei El Cocuy, 5.-8., 11., 12., 14. bei Bogotá, 10. im südlichen Kord. knoten und 13. in der Zentralkord. C.U. = Ciudad Universitaria, eingeklammerte Jahreswerte = Mittelwerte aus den jährlichen Mitteln, eingeklammerte Monatswerte = Werte aus Diagramm zurückgerechnet, Gipfelwerte unterstrichen.

12

wichen damit von den in Bogotá registrierten (Januar und Juli) ab.

Arid im Sinne von THORNTHWAITE (1948) und LAUER (1952) war innerhalb des Beobachtungszeitraumes nur 1 Monat. Die Tatsache, daß SCHNETTER *et al.* (1976 S. 32) in 16 Monaten keinen ariden Monat registrierten, läßt vermuten, daß solche Monate im Cruz Verde-Paramo selten sind. Auch während der trockneren Perioden waren Turgeszenz und Vitalität der Paramopflanzen nicht auffälig vermindert.

Die Niederschläge erreichten zeitweise eine beachtliche Intensität. Fast in jedem Monat wurden ein bis mehrmals 10 mm pro Stunde registriert. Das Maximum lag bei 16 mm in 20 Minuten. Die Aufnahmefähigkeit des Bodens war dann bei weitem überschritten. Trotz der nur rund 10 Grad betragenden Inklination war der oberflächliche Wasserstrom teilweise so stark, daß sich die Gläser der BARBER-Fallen, deren Rand sich etwa 1 cm über der Bodenoberfläche befand, bis obenhin mit Wasser füllten. Einmal fiel ein schauerartiger Niederschlag in Form von Hagel. Vom Regenschreiber kaum mehr registrierte Sprühregen waren häufig. Die registrierten Niederschläge verteilten sich auf 13,9% der Gesamtzeit. Im Vergleich zu den Verhältnissen im Tiefland regnet sich anscheinend eine geringere Gesamtmenge während eines längeren Zeitraumes aus (Tab. 2).

Nach Tabelle 1 liegen die jährlichen Niederschlagsmengen im Paramo und in paramonahen Gebieten zwischen 676 und 2832 mm. Diese hohen und z.T. höhenunabhängigen Differenzen deuten auf den großen Einfluß lokalklimatischer Faktoren hin (vgl. u.a. EIDT 1952, FLOHN 1968 S. 185), die wahrscheinlich auch das normalerweise in tieferen Regionen liegende Niederschlagsmaximum stellenweise verschieben. Für die Sierra Nevada de Santa Marta gibt HERRMANN (1971 S. 95) ein solches Maximum für 1660 m an.

Die erstaunlich niedrigen Niederschlagsmengen in der venezolanischen Paramoregion werfen die Frage auf, wie die anscheinend an humides Klima bzw. niedrig pF-Werte angepaßte Vegetation der Espeletienfluren noch zu existieren vermag (vgl. SCHNETTER *et al.* 1976 S. 41).

Regenfälle	Dauer	bis 1 Stunde	1 – 6 Stunden	6 – 12 Stunden	über 12 Stunden
	Zahl	114	230	36	18

Regenfälle	Ergiebigk.	bis 1 mm	1 – 10 mm	10 – 20 mm	über 20 mm
	Zahl	226	138	20	14

Tab. 2. Dauer und Ergiebigkeit der Regenfälle im Páramo de Monserrate vom 16.4.1968 bis zum 15.4.1969.

Neben der Herabsetzung der Evapotranspiration aufgrund der geringen Durchschnittstemperaturen, die auch für Mucuchies (686 mm) nur zu knapp 3 ariden Monaten führt (PANNIER 1956) und der Existenz von Arten und Rassen, die an die dortigen Standortbedingungen angepaßt sind, kann dies wohl durch zwei Faktoren erklärt werden. Einmal ist es die relativ dichte Aufeinanderfolge von Regentagen (181 pro Jahr für den Páramo de Mucuchies: FLOHN 1968) zum anderen sind es wohl Niederschläge in Form von Tau oder Rauhreif, die anscheinend gerade in den Trockenzeiten wegen der höheren Temperaturdifferenzen ausgiebiger und regelmäßig fallen. „Die Nebelfeuchtigkeit erhöht die Humidität eines Klimas beträchtlich, ohne daß dies in den gewöhnlichen Formeln des hydrothermischen Quotienten zum Ausdruck kommen kann." (TROLL 1956).

Oft variieren auch die Niederschlagsmengen verschiedener Jahre stark, was bei der Beurteilung aller angegebenen Werte in Betracht zu ziehen ist. LANDSBERG & JACOBS (1951) fordern für die Niederschlagsdaten tropischer Gebirge immerhin Bezugsreihen von über 50 Jahren. Das gesamte Gebiet des Espeletion-Paramo liegt innerhalb der Zone der tropischen Zenitalregen und in der Nähe des klimatischen Äquators. Die von daher zu erwartenden 2 Regenperioden sind im überwiegenden Teil des andinen Kolumbiens deutlich nachweisbar. In einigen Gegenden zeigen sie die Tendenz, zu einer Sommerregenzeit zu verschmelzen, z.B. im Südteil des Páramo de Sumapaz, ca. 100 km SSW von Bogotá (GUHL 1968 S. 207) und in einem Teil der venezolanischen Paramogebiete (ARGENIS N. & ARROYO G. 1968). Im Gebiet von Bogotá konzentriert sich die erste Regenzeit auf die Monate April/Mai, die zweite und deutlich ergiebigere auf Oktober/November. Der Beginn der Regen- bzw. Trockenzeiten kann sich um 1 Monat oder mehr verschieben, ebenso variiert die Ausprägung von Jahr zu Jahr. Dies bewirkt bei längeren, nach Monaten aufgegliederten Niederschlagsmitteln, ein stärkeres Ineinanderübergreifen der Perioden als es ihrer Ausprägung in einem Normaljahr entspricht. Messungen der als Tau niedergeschlagenen Feuchtigkeitsmengen wurden nicht durchgeführt, ebenso sind Nebel- und Wolkenbildungen für die Paramoregion noch nie systematisch registriert worden. Ihre Häufigkeit wird immer wieder betont (HUMBOLDT 1807, HETTNER 1892, WEBER 1958, FLOHN 1968). ARGENIS N. & ARROYO G. (1968 S. 36) registrierten von April bis September 1968 für Mucubají (3550 m, Venezuela) in der Zeit von 8-10 Uhr im allgemeinen einen relativ wolkenlosen Himmel, danach eine bis 18 Uhr anhaltende stärkere Bewölkung mit einem Bedeckungsgrad von in der Regel über 5/8. Im Monserrate-Paramo waren Wolken und Nebel deutlich häufiger als im nahen Bogotá. Die Tatsache, daß sie sich häufig erst nach vorheriger stärkerer Sonneneinstrahlung in den späten Vormittags- oder in den Nachmittagsstunden entwickelten, deutet daraufhin, daß an ihrem Entstehen Aufwinde bzw. lokale, tagesperiodische Zirkulationssysteme beteiligt sind (TROLL 1952, WEBER 1958, S. 142, FLOHN 1968). Wie weit solche Strömungen auch die Niederschläge beeinflussen, muß nachgeprüft werden: „... eine Zunahme der Niederschläge von der Talsohle hangaufwärts kann nur insoweit die Wirkung tagesperiodischer Winde sein, wie die Tagesperiode des Niederschlags selbst der der Winde entspricht." (FLOHN 1955, S. 199).

4.2. Relative Luftfeuchtigkeit

Messungen der r.F. sind seither kaum in der Paramoregion durchgeführt worden.
WEBER (1958) konnte in der Sabana de los Leones (3110 m hoch, Chiripó-
Massiv, Costa Rica) gegen Mittag u.a. ein kurzzeitiges Minimum von 52% messen.
Leider fehlen Angaben zur Höhe über dem Boden, in der die Messung ausgeführt
wurde. Die diesbezüglichen Daten von ARGENIS N. & ARROYO G. (1968) sind
wenig charakteristisch und kaum vergleichbar. Die Aufzeichnungen des Feuchtigkeitsschreibers im Untersuchungsgebiet werden in den Tab. 3 und 4 zusammengefaßt und zu Daten anderer Lokalitäten in Beziehung gesetzt.

Aufschlußreich ist der Vergleich der entsprechenden Werte zwischen Bogotá

Rel. Feuchtigkeit in %		Apr. [11]	Mai	Juni	Juli	Aug.	Sep.	Okt.	Nov.	Dez.	Jan.	Feb.	März	Mittel
		1 9 6 8									1 9 6 9.			
Par. de Mons.	absolute Max.	(98)	100	100	100	100	100	100						100
	mittlere Max.	(97)	97	96	97	97	(96) [21]	(97) [27]						(97)
	Mittel	(84)	82	83	88	85	(80) [18]	(79) [28]						(83)
	mittlere Min.	(56)	55	58	64	55	(53) [19]	(51) [28]						(56)
	absolute Min.	(45)	41	43	49	31	(39)	(34)						40
Bogotá	absolute Max.	97	91	97	95	97	94	100	95	98	97	100	100	97
	mittlere Max.	86	85	84	83	82	84	86	88	87	90	89	88	86
	Mittel	77	74	74	74	69	72	77	76	73	75	76	76	74
	mittlere Min.	63	61	62	64	57	58	67	62	55	57	56	54	60
	absolute Min.	47	45	49	53	37	49	48	47	30	31	43	19	42
Buenaventura	absolute Max.	100	100	100	100	100	100	100	100	100	100	100	100	100
	mittlere Max.	97	96	97	96	96	96	97	97	97	97	97	97	97
	Mittel	87	87	88	87	85	86	87	(87)	(86)	(88)	(86)	86	(87)
	mittlere Min.	74	75	76	74	71	74	74	76	72	76	75	73	74
	absolute Min.	60	61	61	59	59	64	57	65	58	64	59	57	60

Tab. 3. Relative Luftfeuchtigkeiten für den Monserrate-Paramo und 2 Vergleichsstationen:
Observatorio Nacional in Bogotá (nächstgelegene Station mit vergleichbaren Daten) und Aero-
puerto in Buenaventura (Tieflandstation mit extrem hoher Luftfeuchtigkeit. Z.T. nach Bol.
Met. Mens. Nr. 1-12, Bogotá 1968/69. ( ) = zugrunde liegende Werte unvollständig, Zahl der
erfaßten Tage z.T. als Index angegeben.

15

Stufen der mittleren r.F.	100–96%	95–91%	90–86%	85–81%	80–76%	75–71%	70–66%	65–61%	Gesamtzahl d.Tage
Zahl der Tage für El Paso 1963	247 =67,7%	99 =27,1%	18 =4,9%	1 =0,3%					365
Zahl der Tage Paramod. Monserr. 4.–10.68	3 =1,6%	24 =13,0%	35 =19,0%	53 =28,8%	37 =20,1%	26 =14,2%	4 =2,2%	2 =1,1%	184

Tab. 4. Verteilung der mittleren r. Feuchtigkeit der einzelnen Tage auf verschiedene Feuchtigkeitsstufen für den Páramo de Monserrate und El Paso (Zentralkord. S. Tab. 1). %-Angaben = Anteil an der Gesamtzahl der für eine Station registrierten Tage.

und dem Monserrate-Paramo (Tab. 3). Die im Durchschnitt größere Humidität des Paramoklimas ergibt sich aus den Werten der mittleren r.F., die für den Paramo um durchschnittlich 9% über den Werten für Bogotá liegen. Da die Mittelwerte der Minima im Paramo jedoch um durchschnittlich 6% niedriger sind, ergibt sich eine höhere Schwankungsbreite der r.F. im Paramo. Dies wird nochmals durch eine Gegenüberstellung mit den Werten einer Tieflandstation (Buenaventura) unterstrichen (Tab. 3). Verglichen mit den r.F.-Messungen an einer etwa gleichhohen Station, liegen die Werte für den Monserrate-Paramo niedriger (Tab. 4). Leider fehlen für El Paso die absoluten und mittleren Minima, so daß offen bleiben muß, ob nicht auch dort gelegentlich dem Monserrate-Paramo vergleichbare Schwankungsbreiten auftreten.

An sonnigen Tagen waren im Monserrate-Paramo r.F.-Werte um 50% während der Mittagsstunden nicht ungewöhnlich. Sie blieben jedoch nicht über längere Zeit bestehen, so daß die Hygrometeraufzeichnungen in Abb. 5, mit häufigen und sehr intensiven Schwankungen, die überwiegend durch Wolkenbeschattung und Wind hervorgerufen werden, als typisch für Tage mit zeitweise direkter Sonneneinstrahlung gelten können. Noch stärkere Schwankungen registrierte DOCTERS V.L. (1933 S. 40) auf dem Mt. Pàngrango (3022 m, Java). Er maß an Sonnentagen regelmäßig Werte unter 40% und im Extrem sogar 6%. Das von diesem Autor und auch im Monserrate-Paramo registrierte kurzzeitige aber starke Absinken der r.F.-Werte in einigen Nächten bedarf noch der Erklärung. FREY & PROBST (1973) erwähnen ähnliche Erscheinungen für den Kandavan Paß (Itan, 3000 m) und erklären sie hier durch einen mit Temperaturanstieg verbundenen Wechsel der Windrichtung. Daß teilweise sonnige Tage, zumindest für den Monserrate-Paramo, keine so große Ausnahme sind, wie es die düsteren Schilderungen des Paramoklimas von v. HUMBOLDT (1807), HETTNER (1893) u.a. erwarten lassen, ergibt sich — von den eigenen Beobachtungen während der Exkursionen abgesehen — schon daraus, daß an 67% der 183 Tage, von denen Hygrometeraufzeichnungen vorliegen, die r.F. zeitweise auf Werte von unter 60% sank und an 29% der Tage sogar unter 50%. In dieselbe Richtung deuten auch andere Zusammenfassungen der eigenen Daten,

16

nach denen immerhin während gut 1/4 der Registrierperiode r.F. Werte von unter 80% geherrscht haben. Für venezolanische Paramos schränkt schon GOEBEL (1891) die älteren Schilderungen eines durchweg tristen Paramoklimas ein. Ähnliche Hinweise finden sich bei WEBER (1958) für Costa Rica und in den eigenen Aufzeichnungen über die südkolumbianischen Paramos bei Cumbal.

Zusammenfassend kann also gesagt werden, daß neben den hohen und im Vergleich zur Sabana de Bogotá deutlich höheren durchschnittlichen r.F. Werten auch die häufigeren und intensiveren Schwankungen dieser Werte während der Tagesstunden im Vergleich zu den Schwankungen in tieferen Regionen für die Charakterisierung des Paramoklimas im Monserrate-Gebiet herangezogen werden müssen. Wieweit diese Aussage auch für andere Paramos gilt (vgl. Tab. 4) müßte nachgeprüft werden. Messungen in der bodennahen Luftschicht konnten für die r.F. nicht durchgeführt werden. Ob sich die täglichen Schwankungen ähnlich wie dies für die Temperatur festgestellt wurde, in Bodennähe verstärken, hängt sicher von anderen Bedingungen (Art und Transpirationsintensität der Pflanzendecke, Bodenfeuchtigkeit, Sonnenstand, Windbewegung usw.) ab. Die Angaben von SWAN (1952) und die eigenen Beobachtungen lassen vermuten, daß über Felsen und stärker ausgetrockneten offenen Bodenflächen die r.F.-Werte erheblich unter die im Wetterhaus gemessenen Werte sinken können.

4.3. Temperatur

Zur Temperaturverteilung in Kolumbien finden sich zusammenfassende Angaben bei SCHRÖDER (1952) und im Atlas de Colombia (1969). Für das Paramogebiet ergänzt WEBER (1958) die von ESPINOSA (1932) angeführten Werte einiger ecuadorianischer Stationen (3239 m bis 4720 m) durch einige eigene Messungen. ESPINAL & MONTENEGRO (1963) charakterisieren die mittlere Temperatur der Region des „bosque montano" (etwa 3000-4000 m über NN) als zwischen 6 und 12 Grad liegend. ARGENIS N. & ARROYO G. (1968) bringen einige Temperaturdaten aus venezolanischen Paramos. SCHNETTER *et al.* (1976) führen einzelne Temperaturwerte für den südlichen Cruz Verde Paramo an. Bei den durch Wetterstationen erfaßten Temperaturwerten ist besonders der Vergleich zwischen Monserrate-Paramo, Bogotá und El Paso (Station im Subparamo der Zentralkordillere interessant (Tab. 5). Er macht zunächst für alle 3 Stationen die geringen und unter 2 Grad C liegenden jährlichen Schwankungen der mittleren Temperatur bzw. das ausgeprägte Tageszeitenklima deutlich (vergl. auch FLOHN 1968 S. 183). Legt man die mittleren Temperaturen des Zeitraumes 1968/69 zugrunde, so ergibt sich für Bogotá-Monserrate ein relativ hoher vertikaler Temperaturgradient von 0,85 Grad C/100 m. Wahrscheinlich wird er von Zufälligkeiten und örtlichen Gegebenheiten beeinflußt. EIDT (1968 S. 63) gibt als Mittelwert für das tropische Südamerika 0,6° an. Beachtenswerter scheint die für den Monserrate-Paramo geringere Amplitude zwischen Maxima und Minima, sowohl für die Mittelwerte als auch für die absoluten Daten (Tab. 5). Während die Differenzen zwischen mittleren Maxima und Mittelwerten denen von Bogotá sehr ähnlich sind, zeigt das Paramo-klima deutlich geringere Differenzen zwischen Mittelwerten und mittleren Mini-ma. Eine ähnliche Tendenz läßt sich aus den Werten von El Paso ablesen, während für Quilinzayaco die Amplitude der Temperaturschwankungen noch geringer ist und die Reduktion auch den Bereich zwischen Gesamtmittel und Mittel der Maxi-ma erfaßt (Tab. 6). Da die Temperaturdaten der drei Paramo-Stationen im Hin-blick auf die Reduktion der täglichen Schwankungsamplitude übereinstimmen, wäre es denkbar, daß diese Eigenart das Paramo-Klima insgesamt charakterisiert, so wie es TROLL (1959, 1961) annimmt. Eine vorläufige Deutung dieser Erschei-nung scheint nicht ganz einfach, da an klaren Tagen — die, wie oben erwähnt, gar nicht so selten sind — und unter vergleichbaren Werten der Inklination, Tempera-tur, Strahlungsabsorption und -reflexion die ein- und ausgestrahlte Energie pro Flächeneinheit größer sein müßte als in tieferen Lagen. Diese Überlegungen wer-

Temperatur		1 9 6 8								1 9 6 9			Jahres-mittel
		Apr.	Mai	Juni	Juli	Aug.	Sep.	Okt.	Nov.	Dez.	Jan.	Feb.	März	
Par. de Mons.	absol. Max.	16,6	17,0	15,6	15,6	15,4	16,4	17,4	(16,6)	17,5	17,0	19,5	19,3	17,0
	mittl. Max.	(14,6)	14,2	(13,2)	(12,1)	(12,8)	(13,8)	(14,2)						13,6
	Mittel	(8,8)	9,0	(8,2)	(7,5)	(8,1)	(8,4)	(8,8)						8,4
	mittl. Min.	(6,1)	5,5	(5,5)	(5,1)	(4,8)	(4,9)	(5,4)						5,3
	absol. Min.	5,0	4,1	4,2	2,6	2,3	2,4	4,0	(3,8)	2,5	1,5	2,5	3,0	3,2
El Paso	absol. Max.	14,2	16,0	16,0	14,7	14,4		14,4	14,0	17,0	14,0	(17,4)	17,3	15,4
	mittl. Max.	12,1	12,0	11,2	10,2	11,0		11,0	11,3	12,2	11,8	(12,8)	14,1	11,8
	Mittel	8,2	8,1	7,7	7,4	7,7		8,0	8,2	8,5	8,5	(9,4)	9,6	8,3
	mittl. Min.	3,9	3,8	4,2	3,9	4,3		5,0	4,9	4,8	5,6	(5,8)	6,1	4,8
	absol. Min.	2,5	2,5	2,0	3,0	3,0		3,0	4,0	4,0	4,0	(4,8)	5,4	3,5
Bogotá	absol. Max.	21,8	21,6	19,4	19,8	20,0	21,0	21,4	21,8	22,1	21,5	23,1	23,6	21,4
	mittl. Max.	18,9	19,0	18,2	18,4	18,7	19,0	18,7	19,0	20,0	19,9	20,7	20,8	19,3
	Mittel	14,4	14,2	13,7	13,9	14,4	14,1	13,8	14,2	13,9	14,0	14,8	14,9	14,2
	mittl. Min.	9,7	8,9	8,6	8,7	8,0	8,5	8,6	9,8	7,4	7,5	8,7	7,8	8,5
	absol. Min.	6,0	6,2	5,8	7,0	4,0	4,6	5,6	3,0	1,8	2,0	3,4	3,2	4,4

Tab. 5. Temperaturen für die Stationen Páramo de Monserrate, El Paso (Zentralkordillere 3.264 m über NN) und Bogotá (Observatorio Nacional) für denselben Zeitraum. ( ) = zugrun-deliegende Meßreihen nicht ganz vollständig, Max. = Maxima, Min. = Minima.

18

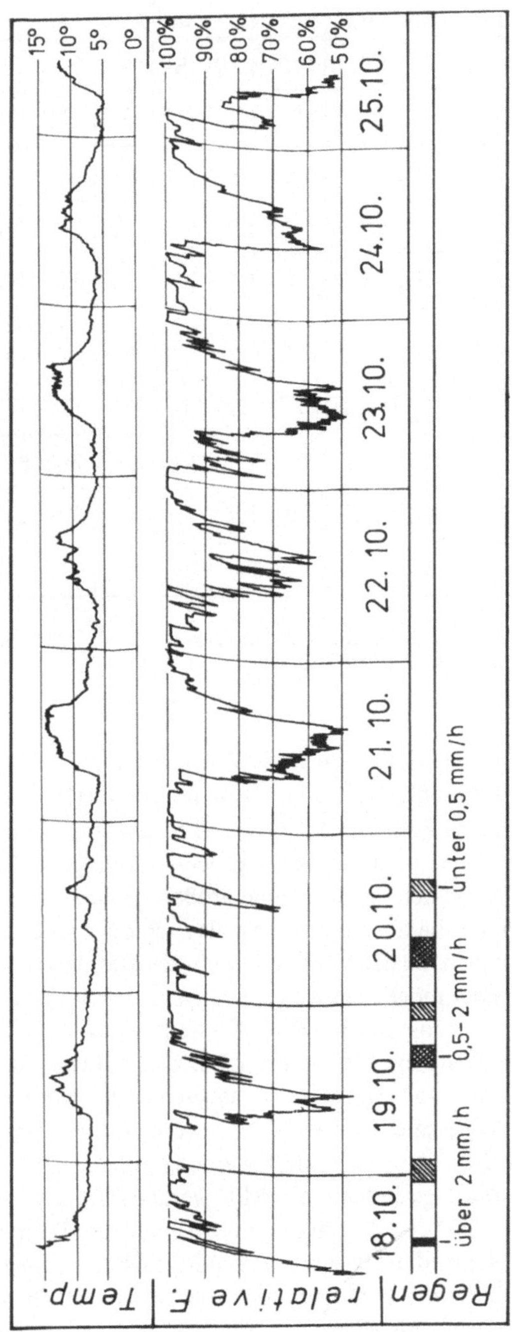

Abb. 5. Aufzeichnungen von Temperatur- und Feuchtigkeitsschreiber sowie Verteilung der Niederschläge für die Woche vom 18.-25.10.1968 im Páramo de Monserrate.

Monate		Jan.	Feb.	März	Apr.	Mai	Juni	Juli	Aug.	Sep.	Okt.	Nov.	Dez.	Jahrs-mittel
Quilinzayaco	absol. Max.	(15,0)	16,0	15,0	14,0	14,0	14,0	15,0	16,0	16,0	15,0	(17,0)	(17,0)	15,3
	mittl. Max.	(11,1)	11,3	11,1	10,9	11,1	10,0	9,2	10,2	10,9	11,4	(12,6)	(11,7)	11,0
	Mittel	(8,5)	8,5	8,6	8,4	8,6	7,9	7,2	7,5	8,5	(8,1)	(10,7)	(9,0)	8,5
	mittl. Min.	(5,9)	5,7	6,2	6,0	5,9	5,8	5,1	4,7	6,1	(5,6)	(8,8)	6,3	6,0
	absol. Min.	(3,0)	4,0	3,0	5,0	5,0	4,0	3,0	3,0	3,0	5,0	(5,0)	(4,0)	3,9
El Paso	absol. Max.	19,0	18,0	17,0	15,5	17,0	15,0	16,0	15,0	15,0	16,0	17,0	18,0	16,5
	mittl. Max.	14,1	12,1	14,3	13,0	12,7	12,0	11,9	11,0	11,2	12,1	12,6	13,7	12,6
	Mittel	8,5	8,3	9,1	8,6	8,9	8,6	8,1	8,1	7,9	8,1	8,3	9,0	8,5
	mittl. Min.	5,3	5,1	5,7	6,0	5,9	5,5	5,2	5,7	5,6	5,5	5,5	4,9	5,5
	absol. Min.	3,0	4,4	4,4	5,0	5,0	3,0	1,0	4,5	4,5	4,5	4,0	0,0	3,6

Tab. 6. Temperaturen für die Stationen Quilinzayaco (1947-1949, ca. 3.200 m über NN) und El Paso (1963, 3.264 m über NN), s. auch Tab. 1 und 5.

den gestützt durch die relativ hohen absoluten Maxima, die im Mittel um nur 4,4 Grad tiefer lagen als die entsprechenden Werte für Bogotá (Differenz der Temperaturmittel für den gleichen Zeitraum 5,8 Grad). D.h. unter günstigen Einstrahlungsverhältnissen ist anscheinend unter sonst gleichen Bedingungen die Erhitzung der entsprechenden Luftschichten im Paramo größer. Anders beim Vergleich der Minima (Tab. 5): Sowohl die absoluten Werte als auch die mittleren Minima liegen für beide Paramostationen relativ hoch, d.h. daß der Wärmeverlust bei weitem nicht so stark ist wie bei der möglichen Ausstrahlungsintensität zu erwarten (vgl. die von TROLL, 1932 S. 267 angeführten bis 53° Grad betragenden Temperaturschwankungen in der Trockenpuna Westboliviens). Die nächtliche Ausstrahlung muß entweder durch Wolken und Nebel stark abgeschwächt worden sein, oder die in Bodennähe gebildeten kalten Luftschichten werden durch wärmere ersetzt. Ähnlich könnte auch die Tatsache erklärt werden, daß die höchsten Temperaturen während der Vormittagsstunden erreicht werden (ESPINOSA 1932, WEBER 1958). Es dürfte dies der Zeitraum sein, in dem die Temperaturerhöhung die Dunstschicht abgebaut, die Aufwinde aber noch nicht zu Dunst- und Nebelbildungen geführt haben, die die Einstrahlungsintensität wesentlich schwächen, bzw. es fehlen Luftströmungen, die Wärme wegführen (vergl. auch ARGENIS N. & ARROYO G. 1968, S. 36). Auch der Hinweis von ALVAREZ (1939), daß die Sichtbedingungen für die Gegend von Bogotá in den Vormittagsstunden durchschnittlich am besten seien, stützt diese Annahme. Die mit steigender Höhe wachsende

Tendenz zu tageszeitlichen Temperaturdifferenzen wird anscheinend überkompensiert durch häufige Nebel- und Wolkenabschirmung. Die Häufigkeit von Wolken und Nebelbildungen während der Tagesstunden würde dann in der Reihenfolge Monserrate, El Paso, Quilinzayaco zunehmen. Ebenfalls in Betracht zu ziehen ist, daß die Werte in etwa 2 m Höhe gemessen worden sind und daß eine vielleicht sehr viel intensivere Erhitzung der unteren Luftschichten nicht registriert wurde.

Temperaturmessungen zur Erfassung des Mikroklimas im Paramo sind seither kaum durchgeführt worden. RICHTER (1941) maß die Temperatur im Blattschopf von *Espeletia grandiflora*, bedeckte jedoch das innere Thermometer mit abgerissenen Espeletienblättern. Unter diesen etwas unnatürlichen Verhältnissen bestimmte er die äußeren und inneren Temperaturschwankungen zu 28 bzw. 14 Grad. WALTER (1962 S. 164) maß in 4000 m Höhe am Kilimandscharo die Temperaturen in Horst- und Polsterpflanzen und konnte Temperaturdifferenzen von 9 bis über 30 Grad zur Lufttemperatur feststellen.

Für die eigenen Temperaturmessungen (Tab. 7) standen 2 Maximum-Minimum-Thermometer FUESS* und 2 Six-Thermometer zur Verfügung. Die Bodentem-

Stelle / Höhe ü.d. Boden	19.3.-4.5. 68	3.-24.5. 68	24.5.-28.6. 68	5.7.-30.8. 68	30.8.-25.10. 68	25.10.-7.2. 68 69	7.2.-18.4. 69
Wetterstation 2,10 m	11,6 (16,6 / 5,0)	12,9 (17,0 / 4,1)	12,0 (16,1 / 4,1)	13,1 (15,4 / 2,3)	15,0 (17,4 / 2,4)	16,0 (17,5 / 1,5)	17,0 (19,5 / 2,5)
Wald I, klein 2,10 m	11,0 (16,6 / 5,6)	12,1 (16,6 / 4,5)	8,3 (12,8 / 4,5)	8,8 (13,9 / 5,1)		17,0 (20,5 / 3,5)	15,5 (20,6 / 5,1)
Wald II, groß 2,10 m						22,5 (22,0 / -0,5)	
Espel. leb. Bl. 1 m					24,3 (24,8 / 1,5)		
Espel. tote Bl. 1 m					15,0 (18,9 / 3,9)		
Wetterhäusch. 50 cm	19,5 (21,8 / 2,3)	20,8 (22,0 / 1,2)			20,5 (22,5 / 2,0)		
Espel. tote Bl. 50 cm	12,8 (16,2 / 3,4)	15,0 (16,8 / 1,8)			16,3 (17,6 / 1,3)		
Wald klein 50 cm	9,8 (14,3 / 4,5)						
Bodenoberfläche — offene Stelle	14,4)) (19,4 / 5,0)	14,2)) (19,2 / 5,0)	28,5) (31,0 / 2,5)	35,6) (36,6 / 1,0)	41,3 (44,1 / 2,8)	44,2 (44,8 / 0,6)	53,7 (55,2 / 1,5)
Bodenoberfläche — in Gramineen			11,8 (14,4 / 2,6)	14,9 (14,4 / -0,5)			
Bodenoberfläche — unter Espeletien			6,4 (11,0 / 4,6)	16,9 (18,8 / 1,9)	16,7 (17,8 / 1,1)	11,2 (15,9 / 4,7)	
Bodenoberfläche — Wald klein	6,5 (12,5 / 6,0)					18,1 (18,9 / 0,8)	16,8 (19,4 / 2,6)
Bodenoberfläche — Wald groß						20,5 (19,5 / -1,0)	

Tab. 7. Temperaturdifferenzen des Mikroklimas an verschiedenen Stellen im Páramo de Monserrate. Hinter den Differenzwerten sind klein die absoluten Maxima und Minima für den betreffenden Zeitraum angegeben. S. auch Ab. 3, W_I und W_{II}.)) = Thermometerbulbus 1 cm unter Bodenoberfläche.) = Bulbus 1/2 cm unter der Oberfläche.

* Anzeigegenauigkeit ± 0,1 Grad ** Anzeigegenauigkeit ± 0,5 Grad.

peraturen wurden mit einem Einstechthermometer gemessen, dessen temperaturempfindlicher Spitzenteil 4 cm lang war (Ablesegenauigkeit ± 0,25 Grad). Die in 50 cm Höhe über einer offenen Stelle angebrachten Thermometer wurden von einem Dach beschattet, das mit Aluminiumfolie überkleidet war. Für die Messungen in Espeletien wurden einige lebende Blätter an den Spitzen soweit zusammengebunden, daß das Thermometer vollständig beschattet, die Luftzirkulation aber kaum behindert war.

Zwischen die toten Blätter wurden die Six-Thermometer so eingeschoben, daß das Ende mit den Bulben an den Stammteil anstieß und die Anordnung der Blätter möglichst wenig gestört wurde. Die im Wald angebrachten Thermometer waren von einem Dach aus Aluminiumfolie dauernd beschattet bzw. wurden zur Messung der Temperatur der Bodenoberfläche an durch das Gebüsch gut beschatteten Stellen unter die obersten Blattstreuschichten geschoben. Zu den Messungen in Gramineenbüscheln wurden die Bulben parallel zur Erdoberfläche in die Büschelmitte eingeschoben. Am problematischsten waren die Temperaturmessungen an der freien Bodenoberfläche (vgl. Tabelle 7). Insgesamt zeigt sich, daß die Temperaturen innerhalb von Wäldchen und geschlossenen Baumgruppen im Luftraum unterhalb der Kronenschicht bis zur Bodenoberfläche etwa in demselben Bereich schwanken wie die im Wetterhaus gemessenen (Tab. 7). Dies spricht für die gute Abschirmung des inneren Raumes durch die Kronenschicht, eine Wirkung, die durch die meist glänzenden und dadurch stark reflektierenden Blattoberflächen, die dichte und relativ tiefgestaffelte Anordnung der Blätter und blattragenden Zweige, den starken Epiphytenbewuchs und durch die Tendenz der Kronen zu kugeligen Wuchsformen (vgl. TROLL 1961) begünstigt wird. Die kleineren Unregelmäßigkeiten der Temperaturverteilung sind wahrscheinlich durch die stark wechselnde Verteilung der Sonnenlichtflecken und Luftbewegungen bedingt. Im Espeletien-Paramo war eine Verstärkung der Temperaturschwankungen mit der Annäherung an offene Bodenflächen zu erwarten (vgl. Häuschen 50 cm). Weniger exakt kalkulierbar war die stark isolierende Wirkung, insbesondere der dicht aufeinanderliegenden toten Espeletienblätter, die ziemlich unabhängig von der Höhe, in der sie am Stamm ansetzten, und selbst noch auf der von ihnen beschatteten Bodenoberfläche relativ einheitliche und konstante Bedingungen schufen. Die größeren Schwankungsbreiten in den äußeren Randzonen wurden nicht erfaßt, doch gilt die erwähnte Konstanz sicher noch bis zur Mitte der Blattringe. Ähnlich ausgeprägt ist die isolierende Wirkung der basalen Teile der Grasbüschel, was besonders ins Gewicht fällt, da die Büschelgräser mehr als die Hälfte der Bodenoberfläche bedecken (vgl. Kap. 6.4.). Erstaunlich sind die hohen Temperaturen, auf die die obersten Millimeter des leicht ausgetrockneten freien Bodens erhitzt werden können. Nur wenig niedrigere Werte als die in Tab. 7 aufgeführten Extreme sind bei den 8-14tägigen Kontrollen innerhalb der genannten Zeiträume häufiger gemessen worden (12 x Werte zwischen 30 und 40 Grad, 6 x zwischen 40 und 50 Grad, 2 x über 50 Grad). Ähnlich hohe Extremwerte 40,6° C gibt SWAN (1952) für bestrahlte Felsoberflächen auf dem Mt. Orizaba (Mexiko, 4120 m) an. Z.T. noch höhere Differenzen maß KLUTE (1920, zitiert nach SALT 1954) für

4150 m Höhe auf dem Kilimandscharo. Im Paramo werden die Maxima wahrscheinlich durch die auf die Oberfläche übergreifende schwärzliche Farbe des Bodens mitbedingt. Die Bedeutung der hohen Temperaturen für einen Teil der Fauna (z.B. Reptilien und Lepidopterenimagines) sowie für die Vegetation ist sicher groß (vgl. SWAN 1952, SALT 1954 S. 411 ff., HIRSCH 1957).

Auch am Boden sinkt die Temperatur nur selten unter 0 Grad. Die in einem Gramineenbüschel gemessenen − 0,5 Grad (FUESS-Thermometer) sind eine Ausnahme und um so schwerer zu erklären, als die unweit davon und gleichzeitig gemessenen Temperaturen unter einer Espeletie und auf offenem Boden positiv waren (2,1 und 1,0 Grad). Auch ESPINOSA (1932) bemerkt zu den Temperaturen an der Bodenoberfläche, daß das „Minimum auf dem Gras etwas niedriger als an der Luft" liege. Weitere negative Temperaturen wurden nur noch im Wald nach intensiven Hagelschauern gemessen.

Die Dämpfung der Temperaturschwankungen in den Lufträumen zwischen den basalen Teilen der Büschelgräser und den abgestorbenen Blättern der Espeletien dürfte in anderen Paramos ähnlich sein. Wahrscheinlich ist auch die im Hinblick auf die Durchschnittstemperatur unerwartet geringe Frosthäufigkeit auf Paramos gleicher Höhenlage übertragbar (vgl. SCHNETTER et al. 1976, S. 27). In Bogotá und Umgebung konzentrieren sich die Tage mit Nachtfrösten auf die relativen Trockenzeiten also auf VI-VIII und XII-II (BARRIGA-VILLALBA 1956). Insgesamt gesehen sind sie selten, denn von den 9 Jahren, für die Temperaturangaben vorlagen, sind nur für 4 Minustemperaturen registriert. Eine größere Häufigkeit läßt sich für den Monserrate-Paramo nicht nachweisen, da alle negativen Werte in anderen Biotopen (Wald) bzw. bei der Erfassung mikroklimatischer Variationen gemessen worden sind. Auch für die Gipfelregion des Pangrango-Gedeh berichtet DOCTERS V.L. (1933) von einer relativ geringen Frosthäufigkeit. Die von C. TROLL (1943) als typisch angeführten Paramoteile, in denen die Temperatur fast täglich um den 0-Punkt schwankt, liegen über 4000 m. Hier wären mikroklimatische Messungen von besonderem Interesse, da durchaus denkbar wäre, daß während der Insolationsperioden die Temperatur in Bodennähe den für viele dieser Höhenpflanzen optimalen Werten nahekommt und die nächtlichen Tieftemperaturen einen schnellen Abbau des Assimilationsüberschusses verhindern, d.h. daß die Vegetationsbedingungen nicht unbedingt ungünstig sein müssen, falls schädigende Frostgrade fehlen.

Bodentemperaturen wurden an einem überwiegend sonnigen Tag (21.2.1969) von 12 bis 13 Uhr an 7 verschiedenen Stellen gemessen. Für 0-4 cm Tiefe und durch Vegetation geschützte Flächen differierten sie zwischen 10,5 und 14,0 Grad C, an offenen Stellen zwischen 13 und 21 Grad. In 16-20 cm Tiefe waren die entsprechenden Bereiche: 9,25-10,5 und 9,5-12 Grad. Damit stimmt gut der Wert von 10,3 Grad C überein, den SCHNETTER et al. (1976) in 1 m Tiefe im südlichen Cruz Verde-Paramo gemessen haben. Allerdings liegen die letzten 3 Werte bzw. Wertpaare deutlich über den mittleren Jahrestemperaturen, so daß die sonst als Regel angenommene Übereinstimmung für den Paramo nicht oder nur eingeschränkt gelten dürfte.

4.4. Strahlung

Die Daten zum Strahlungsklima im Paramo und in paramonahen Gebieten sind dürftig. ALVAREZ (1939) untersuchte für Bogotá die Verteilung der Globalstrahlungsenergie auf die verschiedenen Monate. PANNIER bringt einige vergleichende Daten zum UV-Anteil der Globalstrahlung für venezolanische Paramos. SCHNETTER *et al.* (1976) führten im Paramo von Cruz Verde an 2 Tagen Messungen der Globalstrahlung durch (Strahlungsmesser nach MOLL-GORCZYNSKI, insgesamt 11 Werte mit einer Schwankungsbreite von 0,18-0,51 cal/cm^2 min für die Zeit von 10-16 Uhr).

Am aufschlußreichsten sind die in Tab. 8 wiedergegebenen Werte von ALVAREZ (1939). Danach werden die für die Zenitstände (1.4. und 11.9.) zu erwartenden Maxima der Einstrahlung überkompensiert durch die zu dieser Zeit verstärkte Bildung von abschirmenden Wolken, so daß die meßbaren Maxima in den Trockenzeiten (I/II und VII/VIII) liegen. Die z.T. in anderem Sinne wirkenden leicht verschiedenen Längen der Tage und die verschiedene Entfernung von der Sonne scheinen für die Sabana eine sehr viel geringere Wirkung zu haben. Die einstrahlungsmindernden Faktoren (Dunst, Bewölkung und maximal ca. 12-stündige Einstrahlungsdauer) werden im Vergleich zu den Subtropen und der gemäßigten Zone nur im Jahresdurchschnitt durch den höheren Sonnenstand kompensiert. Die Maxima liegen noch in der Breite von Nizza höher als in Bogotá (Tab. 8). Entsprechende Messungen im Paramo wären dringend erwünscht, denn eine ähnliche Verteilung der Strahlungsmaxima wie die für Bogotá festgestellte läßt sich zunächst nur für die Paramos der Umgebung und nur mit allem Vorbehalt vermuten. Auch Messungen zur Albedo der Espeletienfluren wären sicher interessant.

4.5. Wind

Die Windbewegungen im Gebiet der Espeletienfluren samt den einschließenden Landgebieten werden im wesentlichen durch drei Faktoren bestimmt:
a. durch die Lage dieser Gebiete in der jahreszeitlich sich verlagernden intertropischen Konvergenzzone (äquatoriale Westwindzone, ITC)
b. durch die sich nach Jahreszeit, geographischer Lage und Lokalrelief sehr ver-

	Jan.	Feb.	März	Apr.	Mai	Juni	Juli	Aug.	Sep.	Okt.	Nov.	Dez.	pro Jahr
Bogotá	412	437	410	380	369	424	<u>470</u>	464	440	369	<u>322</u>	376	4873
Nizza	194	268	336	478	577	646	<u>685</u>	622	427	296	181	<u>155</u>	4865

Tab. 8. Monatsmittel der täglichen Gesamteinstrahlung in cal/cm^2 für Bogotá (6-jährige Meßperiode) und Nizza. Nach ALVAREZ (1939).

schieden auswirkenden Passatwinde, die nach EIDT (1968) während der jährlichen Tiefstände der Sonne stärker zur Geltung kommen und besonders im Nor-
den Kolumbiens Schönwetterlagen begünstigen,
c. durch lokale, tagesperiodische Ausgleichströmungen, die insbesondere durch
das jeweilige Relief und den Zustand der Atmosphäre beeinflußt werden.

Einzeldaten für das kolumbianische Andengebiet finden sich im „Boletin meteorológico" und im „Atlas de Colombia" (1969). Eine Analyse des tages- und
jahreszeitlichen Zusammenspiels ist auch für kleinere Gebiete nicht einfach, wie
die gegensätzlichen Ansichten von ALVAREZ (1939) und GARAVITO (1940)
zeigen. Auch FLOHN (1955, 1968) und TROLL (1952) diskutieren die kolumbianischen Verhältnisse nur sehr ausschnittweise und vorsichtig. EIDT (1968,
S. 58) faßt zusammen: „... the relationships among trade winds, mountain ranges,
convection and frontal passage are extremely complex and make all large scale
generalization subject to local errors." Im Gebiet von Bogotá werden die größten
Windstärken in den Monaten Juni-August gemessen also zu einer Zeit, in der auch
die SE-Winde stärker in Erscheinung treten. Wieweit der für Bogotá typische
Wechsel der Windrichtung im Laufe eines Jahres auch für die nahe gelegenen
Paramos typisch ist, muß offen bleiben. SCHNETTER et al. (1976) registrierten im
südlichen Cruz Verde-Paramo ganz überwiegend Winde aus südöstlichen Richtun-
gen, was für den Monserrate-Paramo nicht auffällig war. Hier fehlte auch die von
SCHNETTER erwähnte Ausrichtung der toten Blätter von Espeletia in der Haupt-
windrichtung.

Die Windstärke erreichte auf dem Monserrate während der Beobachtungszeiten
nie Werte, die dem Pflanzenwuchs hätten schädlich werden können, was bei
Espeletia grandiflora auch durch den über viele Jahre beständigen Mantel aus
toten Blättern wahrscheinlich gemacht wird. Ähnliches berichten SCHNETTER *et
al.* vom Cruz Verde-Paramo, wo sie in 1,20 m Höhe Windgeschwindigkeiten bis ca.
6 m/sec. und aufgrund von Messungen an 3 verschiedenen Tagen ein Maximum
während der Mittagsstunden wahrscheinlich machen konnten.

Deutlich höhere Werte der Windgeschwindigkeit wurden jedoch in der Subpara-
mozone der Zentralkordillere (Station und Flugplatz El Paso, 3264 m) gemessen.
Das Maximum während der Jahre 1968/69 lag im Juli 1969 und betrug 23,7
m/sec., das höchste Monatsmittel, im gleichen Monat gemessen, 15,2 m/sec.

Stürme, d.h. Winde mit einer Geschwindigkeit von 16,75 m/sec. und darüber,
dürften jedoch im Paramo und überhaupt in der Passatzone selten sein. Ebenso ist
die Vorstellung ständiger starker windbewegung im Paramo falsch. Dies zeigt
schon das Auftreten von 28 Windstillen Tagen in 11 Monaten für El Paso (13 im
April bis Juni, 15 im Oktober bis Dezember, also konzentriert auf die Regenzeiten) und wird durch die Angaben von DIELS (1934 S. 61) für die ecuadorianische
Station „Nudo de Tiopullo" (3600 m) bestätigt: monatliches Mittel für 1930 = 4
m/sec. mittleres Maximum = 8 m/sec. Auch während der Exkursionszeiten wurden
öfters schwache oder fast fehlende Luftbewegungen registriert.

4.6. Zusammenfassende Betrachtung

Das Paramoklima zählt nach der Einteilung von KÖPPEN (1931) überwiegend zum ETHif-Klima. Danach ist es als isothermes, beständig feuchtes Höhenklima mit mittleren Temperaturen des wärmsten Monats zwischen 0 und 10 Grad C zu charakterisieren.

Innerhalb dieses groben Rahmens, der in ähnlicher Form auch in der vorläufigen Paramodefinition von Kap. 2 aufgegriffen wird, ist jedoch eine starke, z.T. regionalbedingte Variabilität der Klimafaktoren festzustellen.

Die jährlichen Niederschlagsmengen variieren schon innerhalb der Region der Espeletienfluren von 676 und weniger (vgl. Tab. 1 und MEDINA, 1968) bis 1933, 9 mm (SCHNETTER *et al.* 1976, S. 28), wobei der Cruz Verde-Paramo, aus dem der letztere Wert stammt, im Vergleich zu denen von Guasca und Chisacá zu den trockeneren zu zählen ist. Dies führt trotz der niedrigen mittleren Temperaturen dazu, daß die von LAUER (1952) als obere Grenze für das Paramoklima gesetzte Zahl von 2 ariden Monaten in den venezolanischen Espeletienfluren mit Sicherheit z.T. überschritten wird.

Zumindest im Monserrate-Paramo waren die tageszeitlichen Schwankungen für die r.F. deutlich extremer als in dem 600 m tiefer gelegenen Bogotá (Tab. 3). Dem entsprechen auch die deutlich größeren Differenzen zwischen mittleren Temperaturen und den mittleren und absoluten monatlichen Maxima (Tab. 5). Selbst in den relativ feuchten Paramos von El Paso und Quilinzayaco (Tab. 6) liegt die Differenz mittlere Temperatur – absol. Monatsmaximum noch über der von Bogotá. Die Gesamtbreite der Temperaturschwankungen ist jedoch in allen Paramos, für die genauere Daten vorliegen, geringer. Pauschal gesehen scheint sich also die Feststellung von TROLL (1959, S. 45) zu bestätigen, daß in den Paramos – im Gegensatz zur Puna – die Temperaturschwankungen mit steigender Höhe abnehmen. Diese Aussage, die z.T. aus den von ESPINOSA (1932) veröffentlichten Werten einiger ecuadorianischer Paramostationen abgeleitet ist, sollte jedoch überprüft und gegebenenfalls differenziert werden. So sind im Monserrate-Paramo die Differenzen zwischen absoluten Maxima und Mittelwerten der Temperatur deutlich größer als in Bogotá, die Schwankungen unterhalb der Mittelwerte dagegen deutlich gedämpfter, was zu einer geringen Frosthäufigkeit führt. WALTER (1973, S. 237) gibt allerdings für den Páramo de Mucubají (3550 m, Venezuela) Tagesschwankungen bis 17,5 Grad C an, Werte wie sie in Bogotá (2600 m über NN) nie erreicht werden. Systematische Messungen in verschiedenen Höhenlagen einer Espeletienflur und in den diesbezüglich evtl. abweichenden venezolanischen Paramos fehlen leider. Die üblichen Schilderungen eines feuchtkalten, windigen und nebligen Paramoklimas stellen sicher eine zu starke Verallgemeinerung dar. Schon jetzt kann gesagt werden:

a. Sonnige Tage mit zeitweise hohen Temperaturen, niedrigen r.F.-Werten und länger anhaltender Windstille sind in vielen Paramos nicht selten. Diese Extrembedingungen und die Art ihrer Ausprägung dürften für die hochmontane und alpine Pflanzenwelt — in geringerem Maße wohl auch für die Tierwelt dieser Region — einen wesentlichen Selektionsfaktor darstellen.

b. Die Ausprägung der genannten Klimafaktoren weist innerhalb der verschiedenen Espeletienfluren besonders im Hinblick auf Windstärke, Niederschlagsmenge und Häufigkeit hoher Temperaturen sowie niedriger r.F.-Werte große Unterschiede auf. Ob das Paramoklima — speziell das Klima der Espeletienfluren — eine Eigenständigkeit beanspruchen kann und wie es zu unterteilen ist, läßt sich nur aufgrund weiterer Untersuchungen klären. Möglicherweise ist die Verbreitung der Espeletienfluren durch edaphische und historische Faktoren sowie solche der ökologisch-intragenerischen Variabilität wesentlich mitbestimmt, so daß die Beziehungen der Verbreitung zu verschiedenen Einzelfaktoren des Klimas oder deren Kombinationen evtl. verschieden eng und überdies variabel sind.

5. BODEN

Die auffällige Übereinstimmung der Paramovegetation – insbesondere der Espeletienfluren – in verschiedenen Teilen der humiden tropischen Anden verführt zu der Annahme, es müsse auch einen einheitlichen Paramoboden geben, zumal der Oberboden unter den verschiedenen Pflanzengesellschaften der unteren Paramoregion fast immer durch seine schwarze Farbe auffällt. Diese Ansicht wird auch in den meisten Veröffentlichungen mehr oder weniger offen ausgesprochen, wobei die verschiedenen Benennungen z.T. auf die Verwendung verschiedener Klassifikationssysteme zurückzuführen sind. Insgesamt gesehen, sind die seither vorliegenden Daten dürftig und großenteils nicht vergleichbar. Zu Fauna und Mikromorphologie des Paramobodens fehlten seither Angaben.

5.1. Zur Klassifikation der Paramoböden

TROLL (1932, S. 269) „trennt die tiefgründigen, schwarzen Humusböden der Paramo- und Nebelwaldstufe von den ganz humusfreien, bunten oder humusarmen, grauen Steppenböden der Puna- und Sierrastufe", JENNY (1948) erwähnt den Paramoboden, klassifiziert ihn aber nicht eindeutig. DEL LLANO (1954) fordert für die Paramoböden eine eigene Unterordnung, für die er den Namen „dark-colored podzolized soils of the frigid equatorial zone" vorschlägt. Nach WEBER (1958) entspricht der Paramoboden dem von KUBIENA (1953) beschriebenen Tangelranker. Er betont, daß die humushaltige Schicht in Costa Rica nie die Stärke erreicht, die in Kolumbien an vielen Stellen beobachtet wird. Kurze Angaben zu Profilen und Eigenschaften von Paramoböden finden sich bei ESPINAL & MONTENEGRO (1963). FREI (1964) untersuchte zumindest sehr ähnliche Böden, die er „Andean soils or ‚Paramo' soils" nennt, aus den Zentralanden Ekuadors und charakterisiert sie als weiterverbreitet in kühlen, mäßig feuchten Höhenlagen „of rather extreme continentality". Mit anderen Böden außerhalb der Tropen könnten sie kaum verglichen werden. Auffallend ist nach ihm der hohe Humusgehalt der obersten Schichten („epipedon"), den er im wesentlichen auf die Wurzelmassen der Grasvegetation und die hohe biologische Aktivität im Boden zurückführt. GUERRERO (1965), der die verbreitetsten und wirtschaftlich wichtigsten kolumbianischen Bodentypen in das von der US-amerikanischen „Soil Survey Staff" (1960) vorgeschlagene System (7th approximation) einzuordnen versucht, stellt sie zur Ordnung der Inceptisole und zur Unterordnung der Andepts, kann jedoch bei der weiteren Unterteilung nur die Vermutung äußern, daß es sich um Criandepts handele. Ähnliche Böden mit sehr hohen Gehalten an organischen Stoffen können nach ihm als Histosole angesehen werden. Das Instituto Geografico (1965) beschreibt aus der weiteren Umgebung von Bogotá und aus Höhen von 2600 m an aufwärts eine Bodenassoziation „Páramo" und eine sehr ähnliche Assoziation „Cabrera", die insgesamt rund 40% der untersuchten Gesamtfläche (= 55 788 ha) bedecken und deren Eigenschaften mit denen der übrigen schwarzen Paramoböden gut übereinstimmen.

BEEK & BRAMAO (1968) sprechen von „paramo soils", geben ihr Höhenvorkommen zwischen 3500 und 4500 m an und charakterisieren sie als Andosols. Nach diesen Autoren können sie auf vulkanischem Material aber auch auf „heavy clays" vielleicht eiszeitlichen Ursprungs unter Beimischung vulkanischer Asche in den oberen Schichten zurückgehen und dürften Höhenlage (Klima) und Ausgangsmaterial bei der Bildung zusammengewirkt haben. PANNIER (1969) charakterisiert Böden des Espeletietum hypericosum (VARESCHI 1953) als Ranker mit einer als Modersilikat anzusprechenden Humusform. Nach KUBIENA (1970) kommen in Höhenlagen von ca. 3500-4500 m der kolumbianischen Anden „mull-like mountain Ranker and Páramo-Ranker" vor, während er für die Höhenlage zwischen 3200 und 3500 m einen „humusrich earthy Braunlehm" vermerkt. Nach ihm ist die Humusform des Paramo-Rankers „a mull-like moder", der eine Dicke von 88-127 cm erreicht und eine aktive Arthropodenbesiedlung aufweist. CALHOUN *et al.* (1972) untersuchten einen Paramoboden aus Südkolumbien (3510 m über NN, bei Cumbal), der sich auf andesitischen vulkanischen Aschen entwickelt hatte. Sie klassifizierten ihn als „Dystric Cryandept". ZÖTTL (1972), der die Eisendynamik in Paramoböden der Sierra Nevada de Mérida (3250-4150 m über NN) untersucht hat, weist auf die Abhängigkeit der Bodenart vom Relief hin und unterscheidet 4 Typen, von denen 3 in diesem Zusammenhang interessant sind: a. Kuppen und Oberhänge mit Ranker-Profilen und mullartigem Humus, b. Mittelhänge bis schwach konvexe Verebnungen mit auffällig mächtigem (3-5 dm), schwarzbraunem, sehr humosem (umbric) A-Horizont, der ebenfalls direkt dem C-Horizont aufgelagert war, und c. Unterhänge und Hangmulden mit 4-7 dm mächtigem anmoorigem A-Horizont und Eisenanreicherungen im Unterboden.

Er erwähnt, daß der dem Grasparamoboden am meisten entsprechende Typ II (= b.) nach WESTIN (1962) ein Cryumbrept nach DUDAL (1968) ein Paramosol bzw. (unveröffentlicht) ein „Humic Cambisol" sei. In neuester Zeit machen SCHNETTER, R. *et al.* (1976) nähere Angaben zu Böden des südlichen Cruz Verde-Paramos (vergl. Diskussion). Den Boden mit Espeletienbewuchs stellen sie zur Ordnung der Inceptisole (Humitotrept). SCHNETTER, M.L. & CARDOZO (1976) untersuchten in demselben Paramoteil die Bodenatmung und die zellulolytische Aktivität, wobei die höchsten Intensitäten jeweils im Paramo-Buschwald gemessen wurden. Auch im Paramo selbst lagen die Durchschnittswerte (ca. 120-190 mg CO_2 pro m^2.h) relativ hoch und deutlich über den Werten von MEDINA (1968) für den Páramo de Mucubají (Venezuela).

5.2. Eigene Beobachtungen und Untersuchungen

Im eigenen Untersuchungsgebiet hatte der Boden eine im feuchten Zustand einheitlich schwarze Farbe, eine Mächtigkeit von rund 40 cm und lag ohne farblichen
Übergang einem Sandstein der oberen Kreideschichten (formación Guadalupe)
auf. Bei der Paßhöhe der Straße Bogotá – La Calera ging die Dicke der rein
schwarzen Schicht über 2 m hinaus. Im Südteil des Cruz Verde-Paramos und im
Páramo de Guasca war in einer Tiefe von 50-100 cm ein allmählicher Farbüber-
gang nach dunkelbraun und heller und gleichzeitig zu stärker lehmigen Schichten
festzustellen (vgl. Abb. 6). Der Monserrate-Boden hatte eine gute Permeabilität,
seine toten organischen Bestandteile waren fein und gleichmäßig verteilt, die mineralischen von sandig-lehmiger bis lehmig-sandiger Beschaffenheit. In feuchtem Zustand war er „speckig", nicht klebrig, kaum plastisch und mit der Hand leicht zu
zerbröckeln.

Im Grasteil des Monserrate-Paramos war die Bodenoberfläche nicht von einer
geschlossenen Vegetationsdecke überzogen, sondern bildete zwischen den Grasbüscheln, den Espeletienstauden und der übrigen, deutlich vom Boden abgeho-
benen Vegetation ein Netzwerk von Flächen, in das eine mehr oder weniger ad-
nate Vegetation von Flechten und Moosen eindrang, ohne es vollständig zu bedecken. Da den offenen Teilen eine rein humose Auflage fehlt, erscheinen sie in
der vom freiliegenden Wurzelgeflecht und spärlichen abgestorbenen Pflanzenteilen
nur leicht aufgehellten schwärzlichen Farbe. Die zu erwartende stärkere Erosion
der vegetationslosen Flächen wird vermieden a. durch die Dichte und die leicht
lehmige Konsistenz des Bodens, b. durch einen makroskopisch kaum in Erscheinung tretenden Bewuchs von Flechten, Moosen und Algen, der zumindest Teile
der scheinbar offenen Flächen überzieht, c. durch die gute und fast filzartige
Durchwurzelung gerade der oberen Bodenschichten, die überwiegend auf die Bü-
schelwurzeln der Gräser zurückzuführen ist.

Die Durchwurzelung konzentrierte sich auf die obersten 20 cm, da auch die
Wurzeln der Espeletien und der übrigen Zweikeimblätter auffallend flach aus-
strahlten. Weitere Daten zum Boden des Untersuchungsgebietes finden sich in
Tabelle 9.

Die Bodenfauna (Tab. 10) hatte eine relativ geringe Biomasse, war von mittlerer Abundanz aber erstaunlich differenziert (vgl. Diskussion). Auch bei ihr ist die
Konzentration auf die oberen Bodenschichten auffällig.

5.3. Zur Mikromorphologie eines Bodens aus dem Monserrate-Paramo

(mit Beiträgen von E. GEYGER, Göttingen und S. SLAGER, Abt. für Bodenkunde und Geologie der Landwirtschaftlichen Hochschule in Wageningen/Holland)

Die untersuchten Bodenproben wurden von Prof. A. ABOUCHAAR im Untersu

Abb. 6. Profil eines Subparamobodens bei Cumbal (Südkolumbien, ca. 70 km SW von Pasto, ca. 3.150 m über NN). Dicke der schwärzlichen Erdschicht 80-100 cm, nach unten in gelb-braune Lehmerde übergehend.

chungsgebiet entnommen (a. unter *Espeletia grandiflora*: 3-22 cm, b. unter Gramineen: 1-16 cm), sofort in naturfeuchtem Zustand in das Institut von S. SLAGER gesandt, wo sie durch fraktionierte Trocknung mit Aceton entwässert und nach Kunstharzeinbettung geschliffen wurden. Die genannte Entwässerungsmethode trug wesentlich dazu bei, daß die Struktur, trotz des hohen Humusgehaltes, ausgezeichnet erhalten blieb (vgl. MIEDEMA *et al.* 1974).

Bestandteile: An mineralischen Bestandteilen fallen besonders kantige Mineralkörner von 10-200 μm Durchmesser auf, die überwiegend aus Quarz bestehen und innerhalb einer Schicht sehr regelmäßig verteilt sind. Nach der Tiefe nimmt ihr Anteil deutlich zu und ist innerhalb der Espeletienprobe deutlich höher als in der Gramineenprobe. Ähnlich scharfkantig und entsprechend verteilt ist der Schluffanteil (vgl. Tab. 9). Die Biotitteilchen sind kaum verwittert, Ausscheidungen von Eisenoxiden nicht erkennbar, vulkanische Bestandteile nicht nachweisbar. Die Humusanteile konzentrieren sich auf die oberen Schichten, insbesondere des Gramineenbodens, sind aber auch unterhalb von 10 cm noch beachtlich. Insgesamt gesehen sind sie — bis in die obersten Schichten — überwiegend fein und dann relativ gleichmäßig verteilt, was durch den Anteil an schwärzlichen Partikeln besonders deutlich wird. Bei diesen handelt es sich — neben einem kleinen Anteil an verkohlten Resten — überwiegend um pflanzliches Gewebe, bei dem die schwärzliche und manchmal alle Übergänge nach braun zeigende Farbe anschei-

	Tiefe in cm	Farbe in feucht. Zst.	Feuch in %	p_H	P	K	Ca	NO_3^-	NH_4^+	C/N	Organ Stoffe	Sand	Schluff	Ton
							in kg / ha							
Monserrate	0-10	schwarz bis schwarzbraun	119	3,9	25	260	300	25	50		14,4	64	26	10
Monserrate	10-20	"	96	4,0	15	180	200	40	60		11,5	57	24	19
Monserrate	20-30	"	76	4,5	10	150	200	15	35		7,6	71	19	10
Monserrate	30-40	"	54	4,5	5	100	200	20	30		5,7	70	16	14
Neusa	0-40	"	19,91	4,82	10	190	300	50	70	10,87	18,74	17,40	59,4	23,4
Neusa	40-80	schwarz-braun	21,56	4,85	5	160	300	50	40	10,17	12,10	21,80	58,0	20,2
Neusa	80-130	dunkelgelb-braun	20,60	5,55	10	110	300	50	40	9,55	7,41	64,90	24,1	11,0
Neusa	130-250	gelbbraun	11,93	5,38	10	200	500	30	35	5,82	1,10	47,00	25,0	28,0
Neusa	>250	hellbraun	10,79	5,35	10	300	500	20	30	4,25	0,29	32,00	18,0	50,0

Tab. 9. Eigenschaften von schwarzen Paramoböden
a. aus dem Untersuchungsgebiet des Monserrate-Paramos (Analyse des Laboratorio Químico Nacional vom 19.4.1968)
b. aus dem Subparamo von Neusa (3.020 m, ca. 60 km N von Bogotá) nach QUINTERO & VIVES (1962). p_H-Bestimmung nach HELLIGE. Zahlenangaben zur Textur in % (Bestimmung nach BOUYOUCOS).

32

Bodenschicht →	0-5(6)cm		5-10 cm		10-15 cm		Methode	Größenklassen A C E G
TIERGRUPPEN	Ab-un-danz	Prob.-volum +-zahl	Ab-un-danz	Prob.-volum +-zahl	Ab-un-danz	Prob.-volum +-zahl		
Collembola	143	2,25/8	24	0,5/2	8	0,5/2	BERL.	
Protura	282	0,073/6	145	0,0135/2			BÄ+DI	
Diplura								
Thysanura								
Dermaptera								
Blattodea								
Saltatoria								
Psocoptera	2	2,3/9					BERL.	
Thysanoptera	6	2,25/8					,,	
Heteropteroid.	1	,,					,,	
Auchenorhynch.								
Sternorhyncha	56	,,	2	0,5/2			,,	
Curculionidae	<1	,,					,,	
Staphylinidae	4	,,					,,	
Coleoptera Rest	3	,,					,,	
Coleopt. Larven	15	,,					,,	
Hymenoptera								
Lepidoptera								
Diptera Larven	39	,,	4	,,	2	,,	,,	
Diptera Imagines								
Diplopoda	5	,,					,,	
Chilopoda	4	,,					,,	
Pauropoda	33	0,073/6	2	,,	(100)	0,01/1	BÄ+DI	
Symphyla	5	2,25/8					BERL.	
Isopoda								
Copepoda	117	0,073/6	(1425)	0,0135/2	(200)	,,	BÄ+DI	
Pseudoscorpion.	1	2,25/8					BERL.	
Opiliones	1	,,					,,	
Araneae	1	,,					,,	
Acari	596	,,	30	0,5/2	18	0,5/2	,,	
TARDIGRADA	69	0,073/6			(200)	0,01/1	BÄ+DI	
NEMATODES	13.523	,,	7025	0,0135/2	900	0,01/1	,,	
Oligochaeta	2240	,,	1350	,,			,,	
insgesamt	17146		8582		928			
Arthropoden	1314		207		28			
Ar. ohne Ac.+Coll.+Cop.	558		153		2			

Tab. 10. Meso- und Makrofauna der oberen Schichten eines Paramobodens (Paramos von Cruz Verde und Monserrate). Zusammenfassung der Ergebnisse aus insgesamt 24 Proben entnommen vom 2.4.1968 bis 14.3.1969, aufgearbeitet nach folgenden Methoden: BERLESE-TULLGREN = BERL., BÄRMANN = BÄ., Direktuntersuchung bei 50 facher Vergr. = DI. Abundanzzahlen in Individuen pro Liter, Volumenangaben in Litern für das Gesamtvolumen der zu einem Wert gehörigen Proben. Größenklassen: A = bis 1 mm, B = 1-2,5 mm, C = 2,5-5 mm, D = 5-7,5 mm usw. Eingeklammerte Abundanzwerte = unwahrscheinlich und nicht gesichert. ■ = 1-5 Individuen (im Gesamtvolumen), ▮ = über 5 Individuen einer Größenklasse.

nend durch Pilze oder durch Inkohlungsprozesse verursacht ist (vgl. Melanosis nach BAL 1973). Die Durchwurzelung ist bis in die untersten der erfaßten Schichten sehr stark bis mittelmäßig. Neben Espeletienwurzeln, für die zwei konzentrische braune Ringe im Querschnitt charakteristisch sind, kommen besonders Monocotylenwurzeln – wahrscheinlich von Gramineen – häufig vor. Auffallend war das häufige Vorkommen von Pilzen in Wurzelgeweben. Es handelte sich u.a. um rundliche hefeartige Pilzzellen oder häufiger noch um intracelluläre Hyphenknäuel. Zwischen saprophytischer Lebensweise im Innern absterbender Wurzeln bis zur Symbiose, z.B. in Ericaceen (?) wurzeln, waren Übergänge festzustellen.

Einfluß von Bodenflora und Bodenfauna auf die Zersetzungsprozesse:

An den sonstigen Pflanzenresten sind – stärker unter *Espeletia* als unter Gramineen – Verpilzung längs der Zellwände und Fraßspuren (evtl. auch an Pilzhyphen) festzustellen. In den obersten Schichten der Gramineenprobe fanden sich Kolonien von rundlichen Algenzellen, die in einem Wurzelkanal bis 3 cm nach unten vordrangen. Die Aktivität der Fauna wird durch das reichliche Vorkommen von Losungspartikeln belegt. In Pflanzenresten ist z.T. rein organische Losung von ca. 30-50 μm ϕ abgelagert. Dieser Feinmoder wurde stellenweise von Bodenfressern neu durchgearbeitet und ist dann dichter und leicht geschrumpft. (Abb. 7a). Vielfach sind Gänge und Wurzelkanäle sekundär mit Losung ausgefüllt worden. Der überwiegende Anteil der Losung hat eine Länge von 40-90 μm. Auch diese Partikel enthalten kaum Quarz (Abb. 7b).

Gefüge: Besonders in den oberen Schichten wird die Struktur stark von Kleintierlosung bestimmt, deren Umrißformen überwiegend gut erhalten sind. Sie ist größtenteils locker gelagert und nimmt nach oben hin mehr als die Hälfte der Schlifffläche ein. Nach unten zu wird die Struktur dichter und stärker peptisiert. Der Losungscharakter der hier häufigeren stärker verdichteten Partikel von meist mehr als 1 mm ϕ, die sich durch eine heller bräunliche Farbe auszeichnen und zahlreiche Mineralkörner der verschiedensten Größe enthalten, ist zweifelhaft (Abb. 7c). Das überwiegend durch Losungspartikel bedingte und nach oben zunehmend oberflächenreichere Hohlraumgefüge wird ergänzt durch zahlreiche Hohlräume, die im Inneren abgestorbener Wurzeln und sonstiger Pflanzenteile entstanden sind (vgl. Abb. 7c).

Insgesamt gesehen ist der Bodentyp aufgrund der Schliffe zwischen Moderranker und Pechtorf (nach KUBIENA 1953) einzustufen, wobei in der Gramineenprobe die Eigenschaften des 1. Typs, in der Espeletienprobe solche des 2. Typs stärker in Erscheinung treten. Die Ergebnisse der mikromorphologischen Untersuchung zeigen sehr deutlich, daß das Gefüge der untersuchten Bodenproben sehr stark durch die Losung der Bodenmesofauna bestimmt wird (vgl. Diskussion Kap. 5.4). Diese dürfte auch an der auffallend feinen und gleichmäßigen Durchmischung der verschiedenfarbigen organischen Bestandteile sowie der organischen und mineralischen Komponenten wesentlich beteiligt sein. Der geringere Anteil der organischen Reste in der Espeletienprobe ist wohl z.T. darauf zurückzuführen, daß die Speicherung der organischen Substanz in Form des toten Blattmantels bei Espeletien kaum organisches Material für die „Einarbeitung" in den Boden zur Verfügung stellt, während dieser Prozess bei Gramineen anscheinend kontinuier-

Abb. 7. Ausschnitte aus Strukturphotogrammen von Bodendünnschliffen, hergestellt von E. GEYGER (Göttingen) mit Leitz-Tischprojektor.
a. Mit Losungsteilchen gefüllter Wurzel(?) kanal. Kleinere Losungspartikel (vergl. b) von Substratfresser aufgearbeitet und zu größeren Aggregaten vereinigt. Vergr. 30 x, 4-7 cm tief, unter Gramineen, 2 AS.
b. Locker gelagerte Kleintierlosung von 40-90 μm ϕ herrscht vor und bildet ein oberflächenreiches und zusammenhängendes Gefüge von Kleinsthohlräumen. Quarzkörner selten und nur in größeren, stärker verdichteten Partikeln. Vergr. 60 x, 7-12 cm tief, unter Espeletien, 3 BS.
c. Stärker verdichteter Bezirk mit reichlich Quarzkörnern. Hohlräume überwiegend durch in Zersetzung begriffene Wurzeln gebildet. Rechts unten Espeletienwurzel. Vergr. 30 x, 12-17 cm tief unter Espeletien, 3 AS.

licher verläuft. Eine hemmende Wirkung des Harzanteils ist wenig wahrscheinlich,
da in gefallenem und durchfeuchteten Strünken regelmäßig ein reiches Kleintier-
leben festzustellen war. Trotz der relativ hohen Niederschläge und der hohen
Acidität der oberen Bodenschichten ist auch im mikroskopischen Bild der untersuchten Schichten keine Podsolierung feststellbar (vgl. u.a. fehlende Eisenoxisaus-
scheidungen).

5.4. Diskussion

Beim Versuch einer Zusammenschau der eigenen Untersuchungsergebnisse mit den
Angaben anderer Autoren zeigen sich große Unterschiede, aber auch einige Gemeinsamkeiten der Böden verschiedener Lokalitäten innerhalb der Paramoregion.
Die Gemeinsamkeiten seien zuerst genannt:
a.   Relativ hohe Acidität des Bodens

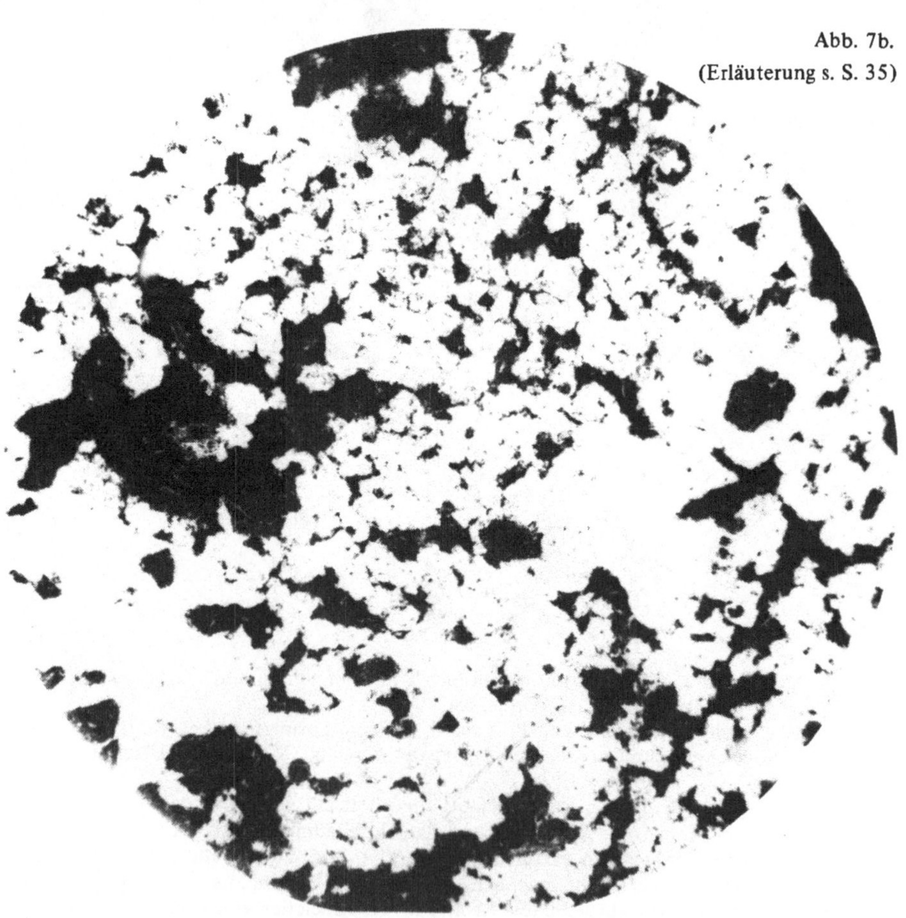

Abb. 7b.
(Erläuterung s. S. 35)

CUATRECASAS (1934) gibt für den schwarzen Paramoboden ein p_H von 5 bis
5,4 an, für den dunkelgrauen bis ockerfarbenen Boden des Culcitietums dagegen
einen Wert von 6,15. WEBER (1958) fand im Paramo des Ruiz Werte zwischen
3,8 bis 4,0 in den Paramos von Costa Rica solche von 3,9 bis 5,2. PANNIER
(1969) vermerkt für venezolanische Paramos Werte zwischen 3 und 4, CALHOUN
et al. (1972) maßen in einem Boden auf vulkanischer Asche im Páramo de Cumbal
Werte von 5,1 bzw. 4,3. SCHNETTER, R. *et al.* (1965) fanden im Cruz Verde-
Paramo Werte zwischen 3,5 und 5,2, in 1 m Tiefe solche zwischen 4,5 und 6,1. In
dieses Spektrum passen sich die Werte von Tab. 9 gut ein.
b. Hohe Wasserkapazitäten und in der Regel auch hoher Feuchtigkeitsgehalt.

Die hierzu vorliegenden Daten sind jedoch entweder nicht sehr aussagekräftig,
da die Wasserkapazitäten weitgehend von der Bodenart bestimmt werden, oder sie
sind ergänzungsbedürftig, da für die Beurteilung der Feuchtigkeitsgehalte und
Saugspannungen (bzw. p_F-Werte) möglichst fortlaufende Messungen aus mehreren

Abb. 7c.
(Erläuterung s. S. 35)

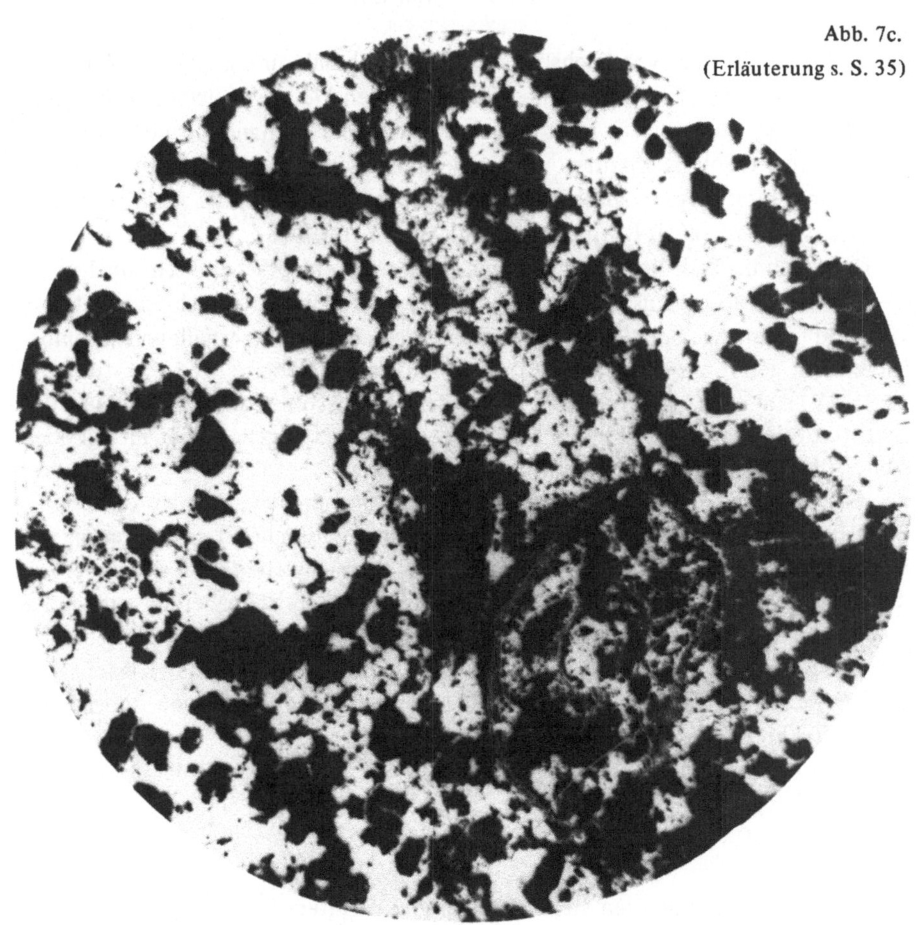

Jahren zugrundegelegt werden sollten. Unter diesem Vorbehalt müssen die folgenden Werte gesehen werden (% Angaben = Wassergehalt in % des Trockengewichts bei 105 Grad C).

Die in Tabelle 9 für den Monserrate-Paramo angegebenen Wassergehalte liegen relativ niedrig, die für Neusa sind nicht vergleichbar, da sie von lufttrockenen Proben bestimmt wurden. 4 Proben der Schichten von 0-5 cm aus den Paramos von Chisacá, Guasca, und Cruz Verde-Süd wiesen Wassergehalte von 132-288 % auf. Zahlreiche, sich z.T. über ein Jahr erstreckende Bestimmungen von SCHNETTER *et al.* (1976) im Paramo von Cruz Verde-Süd ergaben für Böden mit Espeletienbewuchs Werte zwischen 108 und 424% und p_F-Werte, die um 0,5 lagen.

c. Sehr geringer Gehalt an verwertbarem Phosphor (Tab. 9, Instituto Geogr, 1965, S. 168, 178).

Diese auf breiterer Basis noch zu überprüfende Eigenschaft wird auch durch die hohen Phosphorgaben unterstrichen, die nach QUINTERO & VIVES (1962) zur Erzielung optimaler Zuwachsleistungen erforderlich sind.

d. Relativ hoher Gehalt an Kalium und Stickstoff (Tab. 9, SCHNETTER *et al.* 1976).

Auch hier ist die Vergleichsbasis noch zu schmal, um gesicherte Aussagen machen zu können. Die weiter unten besprochenen Düngeversuche lassen vermuten, daß diese Elemente — auch wenn sie reichlicher vorhanden sind — von den Pflanzen nicht voll ausgenutzt werden können, vielleicht wegen einer stabilen Koppelung unter physiologischen Bedingungen bzw. wegen einer niedrigen Mineralisationsrate (vgl. auch Instituto Geogr. 1965, S. 168, 178).

e. Der Calciumgehalt liegt den niedrigen p_H-Werten entsprechend sehr niedrig.

f. Der Gehalt an organischen Stoffen beträgt in den oberen Schichten meist über 10% und nimmt nach der Tiefe zu kontinuierlich ab, auch innerhalb von scheinbar einheitlich gefärbten Schichten (Tab. 9, Instituto Geogr. 1965, S. 166, 76; SCHNETTER *et al.* 1976, S. 34). Auch der Durchschnittswert von 6,85%, den CALHOUN *et al.* (1972) für die Schicht von 0-51 cm angeben, läßt in den obersten Schichten einen Gehalt von über 10% vermuten.

g. Auswaschungs- und Anreicherungshorizonte sind nicht vorhanden oder treten optisch wenig hervor. ZÖTTL (1970) konnte eine deutliche Eisenverlagerung nur in den anmoorigen Böden seines Typs III und IV nachweisen, gibt aber auch für diese Typen eigens an, daß der B-Horizont nicht durch Podsolierung entstanden sei. „Es handelt sich hier offenbar um eine sekundäre, auf den A-Horizont beschränkte Kryptopodsolierung ... wie sie von Böden des atlantischen Küstengebietes der iberischen Halbinsel ... und in feuchkühlen Gebirgslagen von Portugal bis Zentralfrankreich beschrieben ist."

Offen bleiben muß, wieweit vulkanische Aschen und ein sich daraus ableitender Allophangehalt den meisten Paramoböden gemeinsam sind (vgl. WRIGHT 1964, CALHOUN *et al.* 1972, Kap. 5,3).

Diesen Gemeinsamkeiten stehen jedoch große Unterschiede gegenüber: a. Die Böden kommen unter verschiedenen Pflanzengesellschaften vor. Da diese im allgemeinen bereits feine Unterschiede in den Umweltbedingungen widerspiegeln und selbst auf diese Böden zurückwirken, dürften auch die Böden von diesen Unterschieden betroffen sein.

b. Neben AC-Profilen auf anstehendem Gestein wie z.B. im Untersuchungsgebiet, gibt es AC-Profile auf lehmhaltigem (pleistozänem?) Untergrund (vgl. WRIGHT, 1964), z.T. durchzogen von vulkanischen Ascheschichten und ABC-Profile (vgl. ZÖTTL 1970). Auch die Unterteilung des A-Horizonts kann verschieden sein.

c. Die Anteile von Sand, Schluff und Ton sind sehr variabel, sogar schon im eigenen Untersuchungsgebiet. Entsprechend variabel sind auch die Wasserkapazität und die jahreszeitliche Schwankung des Wassergehaltes der Böden. So konnten SCHNETTER *et al.* (1976) in einem gipfelnahen Boden mit einer *Calamagrostis effusa – Spiranthes vaginata –* Gesellschaft auffallend niedrige Werte der Wasserkapazität und des Wassergehaltes feststellen: 84% bzw. 18%. Wahrscheinlich sind auch in den niederschlagsarmen venezolanischen Paramos, die überdies noch eine ausgeprägte Trockenzeit aufweisen, ein niedrigerer Durchschnitt und größere Schwankungen des Wassergehaltes zu erwarten.

d. Die A-Horizonte der Böden können je nach der Dauer von Nässeperioden nur stark humos, anmoorig oder torfig sein. Selbst wenn man sich auf die erstgenannte Gruppe, auf die die Bezeichnung „schwarze Paramoböden" in erster Linie zutrifft, beschränkt, sind die Unterschiede im Bezug auf die verschiedenen Eigenschaften noch beträchtlich. Erst eine systematische Untersuchung verschiedener Paramoböden unter möglichst verschiedenen Aspekten aber unter Benutzung vergleichbarer Methoden dürfte eine gesicherte Beurteilung und Klassifikation der Paramoböden erlauben.

Die Beurteilung der Verwandtschaftsbeziehungen zwischen den schwarzen, im Bereich der Espeletienfluren vorkommenden Paramoböden und äußerlich ähnlichen Böden, die in anderen Klimaten und Erdteilen beschrieben worden sind, erscheint schon wegen der sehr spärlichen Daten verfrüht. Im Gebiet um Bogotá zieht sich ein oft mehrere dm mächtiger schwarzer Bodenhorizont bis weit in die Bergwaldregion hinein und hat bei etwa 2400-2600 m seine untere Grenze (eigene Beobachtungen, Instituto Geogr. 1965, S. 77, 166; CALHOUN 1972, S. 482). Nach BEEK & BRAMAO (1968) ziehen sich Paramoböden südlich bis in die Gegend von La Paz. Für feuchte Hänge im Westhimalaya führt TROLL (1941) einen tiefschwarzen nassen Humusboden an. HEDBERG (1964, S. 27, 28) charakterisiert die oberen Bodenschichten in unteren Teilen des alpinen Gürtels auf dem Mt Ruwenzori und Mt Kenya (Afrika) als „dark-coloured humus-layer" von saurer Reaktion und schlammiger Beschaffenheit.

Die Nutzung der schwarzen Paramoböden ist spärlich. Die Kartoffel wird stellenweise bis 3500 m angebaut, größere Flächen werden extensiv beweidet, wo genügend Gebüsch aufkommt, wird gelegentlich Brennholz geschlagen. Der größte Teil wird sporadisch oder überhaupt nicht genutzt. Das Instituto Geográfico (1965 S. 178) empfiehlt besonders für die leicht welligen Regionen mit einer überwiegenden Hangneigung zwischen 7 und 25% den Kartoffelanbau unter Verwendung von Kalk sowie von organischen und anorganischen Düngern, außerdem

Viehzucht mit ausgewählten Rassen. Daß an geeigneten Stellen und unter Verwendung optimaler Düngemittelgaben erstaunliche Ertragssteigerungen erzielt werden können, zeigt die Arbeit von QUINTERO & VIVES (1962). Sie untersuchten einen Subparamoboden beim Neusa-Stausee (3020 m) in der Nähe von Bogotá, der jedoch in den wesentlichen Merkmalen mit den erwähnten schwarzen Paramoböden übereinstimmt. Die Verfasser führten zunächst in Bogotá im Gewächshaus, dann an Ort und Stelle im Freiland systematische Düngeversuche durch. Von den getesteten Düngerkombinationen förderten folgende Gaben pro ha die Gewichtszunahme von *Raphanus sativus* am stärksten: 4 t Kalk ($CaCO_3$), 50 kg Stickstoff (N), 600 kg Phosphor (P_2O_5), 100 kg Kalium (K_2O), 2 kg Bor ($Na_2B_4O_7$). Gegenüber Kontrollpflanzen auf ungedüngtem Freilandboden konnte die Zunahme des Frischgewichtes auf das 181,5 fache gesteigert werden.

Selbst wenn man annimmt, daß andere Kulturpflanzen unter sonst gleichen Bedingungen schlechter auf anorganische Dünger ansprechen, dürfte damit erwiesen sein, daß eine landwirtschaftliche Nutzung durchaus diskutabel ist. Ähnliche Freilandversuche in feuchteren und nebligeren Paramogebieten wären sicher sehr aufschlußreich. Die Häufigkeit von Frösten dürfte in den Höhenlagen um 3000 m noch minimal sein (vgl. Kapitel 3 und SCHNETTER *et al.* 1976, S. 27) und den Anbau von Nutzpflanzen nur wenig beeinträchtigen, was auch ausgedehnte landwirtschaftliche Kulturen bei Cumbal (ca. 3100 m, Südkolumbien) wahrscheinlich machen. Im Hinblick auf Bearbeitbarkeit, Differenzierung und Beständigkeit des Hohlraumsystems, Permeabilität und Nährstoffbindungsvermögen dürfte ein Paramoboden vom Typ des Monserrate-Bodens bei guter Düngung die besten Voraussetzungen für eine Kultur ausgewählter Pflanzenarten bieten. Eine Anwendung organischer Dünger erscheint dazu nicht erforderlich. Als offene Frage bleibt jedoch die Auswirkung der Düngung und des Pflanzenwechsel auf die Bodenfauna, von der anscheinend die Enchytraeen wesentlich zur Erhaltung der Krümelstruktur beitragen (vgl. Kapitel Mikromorphologie).

Innerhalb der Bodenfauna (Tab. 10, vergl. auch Abb. 15 und Kap. 7.6.) überrascht zunächst die hohe Abundanz der Enchytraeen. Schon die angeführten Mittelwerte aus 8 Proben aus 0-10 cm Tiefe, die einer Besatzdichte von 179 500 Tieren pro m² entsprechen, übersteigen die höchsten der für diese Gruppe angegeben Dichtewerte (vergl. FRANZ 1950, BALOGH 1958, BRAUNS 1968). Wahrscheinlich stammt auch ein Gutteil der in Dünnschliffen auffälligen und häufigen Losungspartikel (vergl. Abb. 7b) von Vertretern dieser Gruppe. BABEL (1968/69) gibt für Enchytraeenlosung Längen von 40-100 μm und eine Durchschnittslänge von 60 μm an, was mit den eigenen, an Schliffen bestimmten Werten (40-90 μm und 50 μm) recht gut übereinstimmt. Die in Pflanzenresten gefundenen Losungspartikel von 30-50 μm dürften dagegen überwiegend von Oribatiden und evtl. auch Collembolen herrühren. Die Bedeutung der ebenfalls vorkommenden aber relativ seltenen Lumbriciden für die Bodendurchmischung ist wohl bei weitem geringer als in vielen mitteleuropäischen Ökosystemen. Ähnliches vermutet HEDBERG (1964, S. 27) für die Lumbriciden afrikanischer Paramogebiete.

Die Besatzdichte der Nematoden ist zwar auch hoch, bleibt aber noch im

Rahmen der für mitteleuropäische Wald- und Wiesenböden angegebenen Werte (vergl. FRANZ 1950, BALOGH 1958, BRAUNS 1968). Innerhalb der Arthropodenfauna fällt die relativ hohe Dichte der Proturen auf, die sogar über der der Collembolen liegt. Sollten auch die amerikanischen Vertreter mykotroph sein (vergl. STURM 1959), ließe sich eine Beziehung zu dem in Schliffproben festgestellten starken Vorkommen symbiontischer und saprophytischer Pilze vermuten.

Die Dispersion der Copepoden ist deutlich ungleichmäßiger als die der beiden Wurmgruppen. Dies zeigt der zufallsbedingte hohe Wert für 5-10 cm Tiefe. Immerhin bleibt die durch 6 Proben relativ gut gesicherte Dichte für 0-5 cm beachtlich und deutet vielleicht auf ein Spezifikum des Paramobodens hin. Zusammen mit Enchytraeen wurde auch diese Gruppe häufig in die BARBER-Fallen eingespült, was auf ein Vorkommen nahe der Oberfläche bzw. an Pflanzen (z.B. *Paepalanthus*) hinweist. Leider fehlen in der Literatur meines Wissens quantitative Angaben über die Besatzdichten von Bodencopepoden. Weniger erstaunlich ist das Vorkommen von Sternorrhyncha. Bodenbewohnende Pflanzenläuse werden u.a. von JAHN (1960), WINTER (1963), HÜTHER (1966) und BECK (1971) erwähnt, wenn sie auch nicht ganz die Besatzdichte wie im Paramo erreichen.

Ganz allgemein ist zu den Werten der Nicht-BERLESE-Fauna (einschließlich der Proturen und Copepoden) zu bemerken, daß die Kombination von in der Regel tiefer liegenden apparenten Besatzdichten (vergl. SCHWERDTFEGER 1975 S. 111) nach der BAERMANN-Methode und solchen nach der Direktmethode wahrscheinlich der jeweiligen realen Dichte näherkommt aber andererseits die Vergleichbarkeit mit anderen Daten herabsetzt. Auch müßte bei künftigen Proben die Abhängigkeit der Dichte vom Vorkommen noch stärker differenziert werden.

Unter Berücksichtigung dieser Einschränkungen muß die Besatzdichte des Paramobodens insgesamt noch als hoch bezeichnet werden. Anscheinend werden Faktoren, die sich negativ darauf auswirken könnten (u.a. Fehlen einer typischen Streuschicht und von reinen Humusauflagen, hoher Mineralbodenanteil auch in den obersten Schichten, Fehlen eines großräumigen und durchgehenden Hohlraumgefüges, niedrige Durchschnittstemperatur) durch andere Faktoren im Durchschnitt kompensiert oder sogar überkompensiert (u.a. gute und gleichmäßige Durchwurzelung, kontinuierliche Nachlieferung von leicht abbaubarer organischer Substanz in den Basalteilen der Büschelgewächse und durch die Wurzeln, gleichmäßig hohe Feuchtigkeit, sehr geringe Frosthäufigkeit, durchgehendes Gefüge von feinsten Hohlräumen). Diese Ausgewogenheit gilt, wie die starke Abnahme der Besatzdichte nach der Tiefe zeigt, nur für die obersten Schichten. In der Tiefe könnte das Zusammenwirken von kleinräumigem Hohlraumgefüge und hohem Feuchtigkeitsgehalt zumindest zeitweise zu Sauerstoffarmut führen. Wegen des Zurücktretens der Lumbriciden und überhaupt von Tieren, die den Boden großräumiger durchmischen, wäre auch eine starke Abnahme von tierisch verwertbaren Humusstoffen mit der Tiefe denkbar.

Die nahe der Schneegrenze gelegenen, überwiegend mineralischen Böden der oberen Paramoregion sind kaum untersucht (vergl. CUATRECASAS 1934, S. 119).

6. VEGETATION

Zur Flora liegen eine größere Zahl von überwiegend qualitativen Untersuchungen vor. Sie sollen im folgenden – zusammen mit den eigenen Ergebnissen – unter verschiedenen Aspekten besprochen werden.

6.1. Zusammensetzung der Paramovegetation (systematischer Aspekt)

Ausführlichere Aufzählungen der in den Espeletienfluren vorkommenden Pflanzenarten finden sich u.a. bei GOEBEL (1891), CUATRECASAS (1934, 1968), ESPINAL & MONTENEGRO (1963), VARESCHI (1953, 1970) und LOZANO-C. & SCHNETTER (1976).

Die eigene Pflanzenliste (Tab. 11) bezieht sich auf das Untersuchungsgebiet im Monserrate-Paramo und die unmittelbar daran angrenzenden Paramogebiete. Die relativ hohe Artenzahl ist mitbedingt.

a. durch die Lage des Gebietes nahe der unteren Grenze der Paramoregion bzw. in der Nähe des Bergwaldgürtels,

b. durch das Miterfassen der in den felsigen Partien vorherrschenden Strauchparamogesellschaften,

c. durch die regelmäßigen Kontrollen.

Die Arten der reinen Grasparamoteile sind in der Tabelle mit ++ gekennzeichnet. Nach Arten wurden zunächst nur die Kormophyten erfaßt. Freundlicherweise bestimmte Herr Dr. FLORSCHÜTZ (Utrecht) noch nachträglich den größeren Teil der gesammelten Moose bis zur Art. Chamäphytische Moose und Flechten waren häufig und regelmäßig vertreten.

Gramineen, Kompositen und Ericaceen sind im Paramo nach Arten- und Individuenzahl vorherrschend. Als weitere Gruppen sind noch die Gentianaceae, Hypericaceae, Melastomataceae (Schwerpunkt im Strauchparamo) Scrophulariaceae, Bromeliaceae, Cyperaceae, Eriocaulaceae, Orchidaceae, Filicinae und Lycopodiinae zu nennen. Es sind also großenteils dieselben Familien, die auch die Paramos Afrikas und Malesiens charakterisieren (DOCTERS V.L. 1933, VAN STEENIS 1935, 1962, HEDBERG 1957, 1964, COE 1967, HALL 1973). Innerhalb Südamerikas weisen die Jalca und die Graspuna eine begrenzte Übereinstimmung der Taxa mit den Espeletienfluren auf (vgl. u.a. WEBERBAUER 1911, 1945). Sie erreicht jedoch nicht den von WEBER (1958) für die Paramos Costa Ricas festgestellten Verwandtschaftsgrad. Ein detaillierterer Vergleich, der auch die wenig bekannte Superparamoflora im Sinne von CUATRECASAS (1968) einschließen müßte, erscheint z.Z. wegen der Lückenhaftigkeit der Daten unergiebig.

Tab. 11. Aufstellung der im Páramo de Monserrate gefundenen Kormophytenarten. mit einem Anhang der häufigsten Moosarten. Die in Tab. 12 erwähnten Arten sind mit +, die zusätzlich in Tab. 13 erwähnten mit ++ gekennzeichnet. Kleinbuchstaben hinter den Artnamen beziehen sich auf das Vorkommen in den von LOZANO-C. und SCHNETTER (1976) beschriebenen Gesellschaften (s. Kap. 6.3.). Die Soziabilität der meisten Arten ist mit 1-2 (BRAUN-BLANQUET, 1964) zu charakterisieren. Die Gräser wuchsen fast durchweg horstförmig, die Pteridophyten — mit Ausnahme von Blechnum — in kleinen Kolonien. Die Angaben zur Lebensform bezeichnen den vorherrschenden Typ. Angaben mit? konnten nicht mehr überprüft werden. NP = NP scap bis NP caesp.

DICOTYLEDONEAE

RAUNKIAERsche
Lebensformen nach
ELLENBERG und MUELLER-
DOMBOIS (1967)

I. *Aquifoliaceae*
1.   Ilex kunthiana TR. et PL.   NP

II. *Araliaceae*
+2.   Oreopanax mutisiana (H.B.K.) DCNE et PL.   NP

III. *Campanulaceae*
+3.   Siphocampylus columnae (L.f.) G. DON   Ch suff

IV. *Caryophyllaceae*
+4.   Stellaria cuspidata WILLD.   (a, d)   Ch herb rept

V. *Clethraceae*
+5.   Clethra fimbriata H.B.K.   (c, d)   NP

VI. *Compositae*

6.	Achyrocline crassipes BLAKE	(d)	Ch suff
+7.	Baccharis tricuneata (L.f.) PERS.	(a,c,d)	Ch bis NP
7.a.	„ „ var. procumbens CUATR.		Ch frut
++8.	Diplostephium phylicoides (H.B.K.) WEDD	(a,b,c,d)	Ch bis NP
++9.	Espeletia grandiflora H. et B.	(a,b,c,d)	NP ros
10.	„ corymbosa H. et B.	(c,d)	NP ros
+11.	Eupatorium elegans H.B.K.		Ch bis NP
12.	„ gracile H.B.K.	(a,b,c,d)	Ch suff
+13.	„ vacciniaefolium BENTH.		Ch bis NP
14.	„ spec.		Ch suff
+15.	Gnaphalium aff. antennarioides DC.	(d)	H sem
++16.	Hieracium aff. avilae ZAHN	(a,b,c,d)	H ros
17.	Oritrophium peruvianum (LAM.) CUATR.	(b,d)	H sem
++18.	Senecio abietinus WILLD. ex WEDD.	(a,b,c,d)	Ch frut bis NP
+19.	„ aff. andicola TURCZ		NP
20.	„ formosus H.B.K.	(b)	H sem
++21.	„ vacciniodes (H.B.K.) SCH. BlP.	(a,b)	Ch frut
+22.	Verbesina baccharoides BLAKE		Ch frut

VII. *Cunionaceae*
+23.   Weinmannia tomentosa L.f.   NP

VIII. *Ericaceae*

+24.	Befaria congesta FEDSCH et BASIL.		Ch frut
25.	„ ledifolia H. et B.		Ch frut
+26.	Gaultheria anastomosans (L.f.) H.B.K.	(a,b)	Ch frut
27.	„ aff. „		Ch frut
+28.	„ cordifolia H.B.K.		Ch frut
++29.	hapalotricha A.C.S.	(a,c,d)	Ch frut
30.	Gaultheria lanigera HOOK.		Ch frut
+31.	Gaylussacia buxifolia H.B.K.	(c)	Ch frut
+32.	Macleania rupestris (H.B.K.) A.C.S.		NP
++33.	Pernettya prostrata SLEUMER	(a,b,c,d)	Ch frut

DICOTYLEDONEAE

RAUNKIAERsche
Lebensformen nach
ELLENBERG und MUELLER-
DOMBOIS (1967)

IX.	*Gentianaceae*		
++34.	Gentiana corymbosa FABRIS	(a,b,c,d)	H sem
35.	Halenia asclepiadea (H.B.K.) DON	(a,b,c,d)	H sem
+36.	Macrocarpea glabra GILG.		NP
X.	*Geraniaceae*		
+37.	Geranium santanderiense R. KUNTH	(a,b,c,d)	H rept
XI.	*Hypericaceae*		
38.	Hypericum goyanesii CUATR.	(a,b,d)	Ch frut
39.	„ jussiaei PL. et LINDEN		Ch frut
+40.	„ mexicanum L.f.	(a,b,c,d)	Ch frut
++41.	„ struthiolaefolium JUSS. (?)	(a,b,d)	Ch frut
XII.	*Labiatae*		
42.	Satureja brownii (SW.) BRIQUET		H rept
XIII.	*Lentibulariaceae*		
+43.	Pinguicola elongata BENJAMIN		H ros
XIV.	*Lobeliaceae*		
+44.	Lobelia aff. rupestris H.B.K.		H sem
XV.	*Loranthaceae*		
+45.	Gaiadendron tagua (H.B.K.) G. DON		NP
XVI.	*Melastomataceae*		
+46.	Brachyotum strigosum (L.f.) TR.	(c)	Ch bis NP
+47.	Bucquetia glutinosa (L.f.) DC.	(b,c)	NP
++48.	Castratella piloselloides (BONPL.) NAUD.	(a,b,c,d)	H ros
++49.	Miconia chionophila NAUD.		Ch frut
+50.	„ ligustrina (SM.) TR.		NP
XVII.	*Myrsinaceae*		
+51.	Rapanea dependens (R. et P.) MEZ.		NP
XVIII.	*Myrtaceae*		
+52.	Ugni myricoides (H.B.K.) BERG.		NP
XIX.	*Oxalidaceae*		
53.	Oxalis medicaginea H.B.K.	(d)	Ch herb rept
XX.	*Polygalaceae*		
+54.	Monnina salicifolia H.B.K.	(a)	NP
XXI.	*Ranunculaceae*		
55.	Ranunculus peruvianus PERS.	(d)	H ros
XXII.	*Rhamnaceae*		
56.	Rhamnus goudotiana TR. et PL.		NP
XXIII.	*Rosaceae*		
+57.	Hesperomeles heterophylla (R. et P.) HOOK.	(b,d)	Ch bis NP
XXIV.	*Rubiaceae*		
++58.	Arcytophyllum nitidum (H.B.K.) SCHL.	(a,b,c,d)	Ch bis NP
59.	Relbunium hypocarpium (L.) HEMSL.	(a,b,d)	Ch bis NP
XXV.	*Scrophulariaceae*		
60.	Aragoa abietina H.B.K.	(a,b,c,d)	Ch bis NP
+61.	„ cupressina H.B.K.		Ch bis NP

DICOTYLEDONEAE		RAUNKIAERsche Lebensformen nach ELLENBERG und MUELLER-DOMBOIS (1967)

+62.	Bartsia santolinaefolia (H.B.K.) BENTH.	(a,b,c,d)	H scap
63.	Castilleja fissifolia L.f.	(a,c,d)	Ch suff
+64.	„ integrifolia L.		Ch suff

XXVI. *Symplocaceae*
65.	Symplocos theiformis (L.f.) OKEN	(c)	Ch bis NP

XXVII. *Umbelliferae*
+66.	Apium ranunculifolium H.B.K.	(a)	Ch suff
67.	Eryngium paniculatum CAV.		H scap

XXVIII. *Theaceae*
68.	Ternstroemia meridionalis MUTIS		Ch bis NP

XXIX. *Valerianaceae*
+69.	Valeriana vetasana KILLIP.		H ros

MONOCOTYLEDONEAE

XXX. *Bromeliaceae*
++70.	Puya goudotiana MEZ.	(b)	sCh suff
+71.	Tillandsia complanata BENTH.		E

XXXI. *Cyperaceae*
72.	Carex chordalis LIEBM.		H caesp
++73.	Oreobolus obtusangulus GAUD.	(b,d)	H caesp
++74.	Rhynchospora daweana B. et K.	(a)	H caesp

XXXII. *Eriocaulaceae*
++75.	Paepalanthus alpinus KOERN.		H ros

XXXIII. *Gramineae*
++76.	Agrostis tolucensis H.B.K.		H caesp
77.	Arundinaria aff. trianae MUNRO	(a,b,d)	Ch bis NP
++78.	Calamagrostis effusa (H.B.K.) STEUD.	(a,b,c,d)	H caesp
+79.	„ planifolia (H.B.K.) TRIN.	(a,c,d)	H caesp
+80.	„ recta (H.B.K.) TRIN.		H caesp
+81.	Cortaderia colombiana PILGER		H caesp
++82.	Danthonia secundiflora PRESL.	(a,b,c,d)	H caesp
++83.	Festuca dolichopylla PRESL.		H caesp

XXXIV. *Liliaceae*
84.	Tofieldia sessiliflora HOOK.		H ros

XXXV. *Iridaceae*
85.	Orthrosanthus chimboracensis (H. B. K.) BAK.	(a)	G

XXXVI. *Orchidaceae*
86.	Elleanthus eusatus RECIHBF.		H
++87.	Epidendrum chioneum LINLEY		Ch suff
+88.	Gomphichis caucana SCHLTR.		H
89.	Odontoglossum izioides LINDLEY		H
90.	Pterichis habenaroides SCHLTR.		H
+91.	Spiranthes vaginata (H.B.K.) LINDLEY		H

XXXVII. *Xyridaceae*
++92.	Xyris acutifolia (HEIMERL.) MALME	(a)	G

PTERIDOPHYTA

Filicatae

++93.	Blechnum loxense (H.B.K.) HIERON	(a,b,c,d)	NP ros
94.	Elaphoglossum funckii FÉE		H rept
95.	„ glossophyllum HIERON		H rept
96.	Eriosorus spec.		H rept
97.	Grammitis moniliformis (LAG. et SW.) PROCTOR		H rept
+98.	Jamesonia bogotensis KARST.	(a)	H rept
99.	Polypodium midense SODIRO		H rept

Lycopodiatae

++100.	Lycopodium attenuatum SPRING.		H rept
101.	„ clavatum L.		H rept
102.	„ complanatum L.	(a)	Ch
++103.	„ contiguum KL.	(a,b,c,d)	

BRYOPHYTA (unvollständig)

++104.	Breutelia allionii BROTH.		Th Ch
++105.	Campylopus arctocarpus (HORNSCH.) MITT.		Th Ch
++106.	„ chrismarii (C.M.) MITT.		Th Ch
++107.	„ polytrichoides DE NOT.		Th Ch
++108.	„ richardii BRID.		Th Ch
++109.	„ tunariensis HERZ.		Th Ch
++110.	„ spec. cf. subjugorum BROTH.		Th Ch
++111.	Dicranum frigidum C. M.	(a)	Th Ch
++112.	Odontoschisma cf. falcifolium STEPH.		Th Ch
++113.	Polytrichum juniperinum HEDW.		Th Ch

LICHENES (unvollständig, durch Zufall mitbestimmt)

++114.	Cladonia polia R. SANTESS		Th H

6.2. Zum Problem der Waldgrenze

CUATRECASAS (1934) charakterisiert den oberen Gürtel des Bergwaldes im Gebiet um Bogotá (Ostkordillere) und im Tolimagebiet (Zentralkordillere) als Weinmannion, Chlethrion oder Hesperomelion. Nach seinen Angaben sind diese Pflanzenverbände für Höhen über 2.800 m charakteristisch und erreichen im Tolimagebiet eine obere Grenze von 3.800 m. WEBER (1958) erwähnt u.a. *Clusia*-Arten als typische Bäume der Kampfzone. Für Teile des Paramos von Guantivá (Ostkordillere) registriert VAN DER HAMMEN (1965) ein Abfallen der Waldgrenze mit zunehmender Trockenheit (von 3.500 bis etwa 3.200 m), wobei die Niederschlagsmenge mit der Exposition korreliert ist. UHLIG (1966) führt die extrem niedrige Lage der Waldgrenze in der Sierra Nevada de Santa Marta (2.000-2.200 m) ebenfalls auf das relativ trockene Klima dort zurück. FLOHN (1968) gibt die Waldgrenze für die Kordillere von Mérida (bei Altamira) mit 3.400 m, WALTER (1973 S. 237) mit 3.200 m an. GUHL (1968) nennt für die obere Grenze des Nebelwaldes auf den Randbergen der Sabana de Bogotá Höhen von 2.800-3.100 m. LOZANO-C. & SCHNETTER (1976) beschreiben für den südlichen Cruz Verde-Paramo die Zusammensetzung kleinerer isolierter Waldstücke in etwa 3.400 m Höhe. Sie vermuten, daß es sich um Reste eines ausgedehnteren und durch menschliche Einflüsse zurückgedrängten Waldvorkommens handele.

Auf die Schwierigkeiten, die einer klaren Festlegung der Waldgrenze allgemein entgegenstehen, haben z.B. TROLL (1955), HERMES (1955) und ELLENBERG (1966) hingewiesen. HEDBERG (1951 S. 166) zieht die obere Waldgrenze für die Charakterisierung von Vegetationsgürteln in Afrika überhaupt nicht heran: „Apparently the ‚tree limit' or ‚forest limit' is not suitable for demarcating vegetation belts in East Africa." Er läßt den alpinen Gürtel nach unten am Ericaceengestrüpp (Ericaceous Belt) enden. In ähnlicher Weise läßt auch die Einteilung nach ESPINAL & MONTENEGRO (1963) die Baumgrenze außer acht.

Im Monserrate-Paramo lag die Waldgrenze bei etwa 3.200 m. Nur in einer anmoorigen Mulde zog sich ein schmaler Streifen von Paramovegetation mit Espeletien bis fast 3.000 m hinab. Die geschlossenen Bergwaldgebiete waren fast durchweg scharf gegen die Subparamo- und Paramo-Gebiete abgesetzt (vergl. Abb. 3). Im typischen Fall war der geschlossene Bergwald nahe der Waldgrenze nicht über 5 m hoch, dicht und reich an Epiphyten (insbesondere Flechten und Moose). Streuschicht und Förna hatten eine Gesamtdicke von einem bis mehreren Dezimetern. Der Unterwuchs war nur schwach entwickelt, mit relativ vielen Pteridophyten. Espeletien und Grasparamo-Arten waren hier höchsten in Randgebieten zu finden. Im Gegensatz dazu war der Ericaceengürtel (Subparamo) mit z.T. übermannshohen Sträuchern und vereinzelten Bergwaldbäumen mehr oder weniger stark von Grasparamo-Vegetation durchsetzt. Ein eigener *Chusquea*-Gürtel wie ihn WEBER (1958) für Costa Rica erwähnt, war nicht ausgebildet. Soweit kleinere geschlossene *Chusquea*-Bestände auftraten, waren sie in den Bergwald eingeschlossen, oder es handelte sich um Sekundärvegetation nach menschlichen Eingriffen. In der Regel waren stärker geneigte felsige Hänge von dichtem Wald oder Subparamovegetation bedeckt, die an solchen Stellen oft höher stieg als der Grasparamo. In der näheren Umgebung des Untersuchungsgebietes waren die weitgehend natürlichen Waldgebiete auf die Hänge mit NW-Exposition konzentriert, was mit dem von SCHNETTER *et al.* (1976) beobachteten Vorherrschen der SE-Winde bzw. der Niederschlagsverteilung zusammenhängen könnte. Die flach geneigten Hänge mit geschlossener Bodendecke, dem am wenigsten zerklüfteten Gesteinsuntergrund und mit der im Durchschnitt stärksten Insolation bzw. den stärksten Temperaturschwankungen trugen dagegen Grasparamovegetation. In mehr felsigen, flachen Gebieten war der Strauchparamo begünstigt (vergl. Tab. 12, Quadrate 1-5). Die Bedeutung der Faktoren, die die Lage der oberen Waldgrenze bestimmen, ist gerade für die tropischen Gebirge noch nicht im einzelnen bekannt. Die Annahme von TROLL (1959 S. 30), daß in den feuchten Tropengebirgen die obere Waldgrenze letzten Endes von thermischen Faktoren bestimmt sei, muß zumindest differenziert werden, da die Temperaturen des Bodens und der offenen Felspartien im Durchschnitt anscheinend über den Lufttemperaturen liegen. Dies hat schon WEBERBAUER (1930) durch zahlreiche Messungen belegt und einige Eigenarten des Vorkommens und der Wuchsformen hochandiner Pflanzen darauf zurückgeführt (vergl. auch MANI 1962 S. 60). Nach WALTER & MEDINA (1969) scheint zumindest in Venezuela das Vorkommen von *Polylepis*-Gehölzen in über 4.000 m Höhe an günstige Bodentemperaturen in „warmen Nischen" gebunden. Letztere können sich in Blockhalden mit leichtbeweglicher Luft ausbilden (vergl. auch BILLINGS & MOONEY 1968, ANDERSON & Mc NAUGHTON 1973). Der Windfaktor scheint im Monserrate-Paramo nicht so bestimmend zu sein, wie es WEBER (1958 S. 181) für die Waldgrenze in Mittelamerika und GOEBEL (1891 S. 4) für die Anden von Mérida vermuten (vergl. Kap. 4.5). Anscheinend ist neben der Feuchtigkeit, auf deren Bedeutung das bevorzugte Vorkommen von Wald an NE-Hängen in der Nähe des Untersuchungsgebietes hinzuweisen scheint, die Bodenart von entscheidendem Einfluß, ein Faktor, auf den bereits TROLL (1952, 1959 S. 31) aufmerksam gemacht hat. In die gleiche Richtung weisen auch die Beobachtungen von WEBERBAUER (1911 S. 216), FOSSBERG (1944 S. 228) und ZÖTTL (1970).

Auf die Abhängigkeit der Waldgrenze von den Bodenverhältnissen (einschließlich Bodenklima und Wasserverhältnissen) weisen auch die folgenden eigenen Beobachtungen hin:

a. Geschlossene Waldbestände überstiegen im Monserrate-Gebiet regelmäßig dort die Paramofluren, wo der Untergrund stärker geneigt und felsig zerklüftet war.

b. Waldinseln hielten sich auf stärker felsigem Untergrund jedoch bei gleicher Höhenlage und Exposition auch im Paramo (vergl. Abb. 3 Wald I).

c. Die Paramovegetation des Untersuchungsgebietes ist anscheinend keine Ersatzgesellschaft (vergl. weiter unten).

Wieweit der Einfluß der Bodenbeschaffenheit auf Sekundärwirkungen (z.B. Einfluß auf die Bodentemperaturen und auf die Wasserversorgung, vergl. KOEPCKE 1961 S. 186) zurückgeführt werden kann, müßte noch geprüft werden. Nähere Aufschlüsse über das jeweilige Zusammenwirken der in Frage kommenden Faktoren könnten Untersuchungen und Beobachtungen an weitgehend natürlichen Waldgrenzen der Paramoregion bringen.

Sicher haben auch menschliche Einflüsse (Abbrennen, Rodung bzw. Holzschlag zur Holzkohlegewinnung, Beweidung) die Lage der Waldgrenze stellenweise verändert. CUATRECASAS, einer der besten Kenner der kolumbianischen Paramos, äußert dazu (1968 S. 184): „The areas occupied by paramos on the Andes are now far more extensive than they were in ancient times. ... Forests have been extensively destroyed, usually by fires set to provide land for cultivation and pasturage." Andererseits kann kein Zweifel bestehen, daß der größte Teil der Expeletienfluren eine natürliche Klimaxgesellschaft darstellt. Dies wird schon durch das Vorkommen von ausgedehnten und typischen Expeletienfluren in kaum vom Menschen berührten Gebieten belegt (CUATRECASAS, 1934, 1950, vergl. auch Abb. 3). Wo anthropogene Einflüsse mitgewirkt haben, gehen sie in Kolum-

bien – im Gegensatz zu Peru – kaum über 3.500 m hinaus (vergl. TROLL 1943,
BARCLAY 1963, GUHL 1968 S. 199). In feuchten Gebieten (im „bosque pluvial
montano" nach ESPINAL und MONTENEGRO 1963) dürfte diese Grenze bei
weitem nicht erreicht werden (a.a.O. S. 177/178). Auch die Nachwirkungen der
quartären Klimawechsel dürften für die Lage der Waldgrenze nicht unerheblich
sein. So sanken im Pleistozän die Temperaturen in höheren Lagen zeitweise um bis
zu 7-8 Grad C unter den heutigen Durchschnitt, was einer Lage der Waldgrenze bei
etwa 2.000 m über NN. entspricht. (vergl. VAN DER HAMMEN und Mitarbeiter
1963, 1973, 1974 u.a.). Gerade der mehrmalige Wechsel von Eiszeiten und
Zwischeneiszeiten dürfte Selektions-, Isolations- und Neukombinationsprozesse gerade innerhalb der hochmontanen und alpinen Arten intensiviert und so einen
zumindest indirekten Einfluß auf die Waldgrenze ausgeübt haben (vergl. auch
COLEMAN 1935, OPPENHEIM 1942, WILHELMY 1957, VULLEUMIER 1971,
JULIVERT 1973, MÜLLER 1973).

Im Monserrate-Paramo dürfte sich die Vegetation schon seit vielen Jahren ohne
menschliches Zutun erhalten; denn
1. fehlen im Boden jegliche Hinweise auf ein ehemaliges Waldvorkommen,
2. ist das Gebiet mit Sicherheit seit 12-14 Jahren nicht abgebrannt worden,
3. wird durch die Lage in einem Wasserschutzgebiet menschlicher Einfluß schon
seit vielen Jahren von dieser Region systematisch ferngehalten (Kontrolle durch
Wächter),
4. weisen die Existenz einer größeren Fläche mit reinem Grasparamo und der
üppige Nachwuchs an Espeletien und anderen Paramopflanzen darauf hin, daß
diese Pflanzengesellschaft trotz der unmittelbaren Nachbarschaft von Wald- und
Gebüschformationen vital und konkurrenzfähig ist.

6.3. Pflanzengesellschaften

Pflanzengesellschaften innerhalb der Paramo-Vegetation sind seither nur von
CUATRECASAS (1934), VARESCHI (1935) und LOZANO-C. & SCHNETTER
(1976) beschrieben worden. Während die erstgenannten Autoren keine näheren
Angaben über Größe und Zahl der gewählten Probeflächen sowie die Handhabung
der Schätzmethode machen, bringen LOZANO-C. & SCHNETTER sehr detail-
lierte Daten über die Vegetation des südlichen Cruz Verde-Paramos (ca. 3.400 m
über NN). CUATRECASAS verwendet ganz überwiegend die Terminologie von
HUGUET DEL VILLAR (1929) und gliedert die Arten einer Gesellschaft nach
Lebensformen. Die von Espeletia-Arten bestimmten Gesellschaften faßt er als Espeletion zusammen und beschreibt innerhalb dieses Verbandes: a. Espeletietum
hartwegianae (3 Typen), Tolimagebiet der Zentralkordillere, 3.500-4.320 m, b.
Espeletietum argenteae Calamagrostiosum, Páramo de Guasca: Ostkordillere,
3.300-3.460 m, daneben noch eine Superparamo-Gesellschaft als c. Culcitietum
rufescentis Agrostiosum, Tolimagebiet, über 4.320 m.

QUADRAT NR.	1	2	3	4	5	6	7	8	9	10	11	12	13	14	15	16	17	18	19	20	21	22	23	24	25	26	27	28	29	30
1. Brachyotum strigos.	1		1	+																						+	+	+	+	+
2. Miconia ligustina	1	1		3	+																					2			2	2
3. Gaylussacia buxif.	1		1	1	+																								r	+
4. Clethra fimbriata	+		+																						1	1	2			
5. Macleania rupestr.		+																								3	2			2
6. Befaria congesta			2																								+		2	+
7. Gaultheria anastom.	2		+	r																										
8. Gaultheria aff. anast.			+	2	r																									
9. Rapanea dependens	2																										+			
10. Oreopanax mutisiana	r																									r				
11. Weinmannia toment.																											3			
12. Gaultheria cordifol.	1																													
13. Senecio aff. andicola																											1			
14. Siphocampylus colum.																														1
15. Ugni myricoides																											1			
16. Hesperomeles heter.	+																													
17. Macrocarpea glabra																											+			
18. Stellaria cuspidata				+																										
19. Tillandsia complanat.	+																													
20. Hypericum mexican.																										r				
21. Epidendrum chioneum	1		+	+	+											+										+	+		+	+
22. Gaiadendron tagua	1	1		2																	r	r	r		2	+			2	1
23. Lycopodium contig.	1	1	2									1																2	1	1
24. Diplostephium phylic.	+		+	1												r									1	+		+		
25. Aragoa cupressina																								+		+		+	2	2
26. Calamagrostis planif.	+	1	+		1																									
27. Eupatorium elegans				1	+								r												r	r				
28. Buquetia glutinosa		+											r												2					
29. Elaphoglossum spec.	1											r																		
30. Eupatorium vaccin.																							r			+				
31. Calamagrostis effusa	1	2	1	2	2	2	1	2	2	1	2	2	1	2	2	2	2			1	1	1	2	2	2	2	+	1	1	+
32. Rhynchospora dawe.	2	1	1	1	1	1	+	1	1	+	+	1	1	1	1	1	1	1	1	1	1	1	1	1	1	1		2	1	1
33. Paepalanthus alpinus	2	2	2	2	2	1	+	1	2		1	2	2	+	1	2	1	1	1	2	1	1	2	2				2	2	1
34. Espeletia grandiflora		2	1		2	2	2	2	1	2		1	1	r	2	2	2	3	1	2	1	1	2	1		2				2
35. Puya goudotiana		2	1		1		2	2	3	+	+	2	1		2	r		r	2	2	2	2			1		3			1
36. Arcytophyllum nitid.		2	2	2	2	1					+	1		1	1	1	+	2	+	2				3	2	2	+	1	3	2
37. Geranium santander.	+		+	+									r	+	+											+	+	r	+	
38. Blechnum loxense		+											1	1	1										2	1	+			
39. Cortaderia colombian				+												1	3	2											2	
40. Pernettya prostrata	1								1		1			+																+
41. Agrostis tolucensis						+	+		+	+	+	+	+	+	+	+	+	+	r	+	1	1	1					+		
42. Oreobolus obtusang.		1	2	1	2	1			2	2		2	2			2	3	3	2	3	1	1	1					2		
43. Castratella pilosell.		+		1	1		r			+	+	1	+	1	+	1		+	+	+	+	r	+				+			
44. Xyris acutifolia		1		+	+		+			+		+	+	+	1	1	1		+			+	+	+	+			+		
45. Hypericum struthiol.	+	r		+		+	r	r			r	+			r	r		r	r	r	+									r
46. Miconia chionophila						+	+					+	1	+											+					
47. Verbesina bacharoid.																1											r			

QUADRAT NR.	1.	2.	3.	4.	5.	6.	7.	8.	9.	10.	11.	12.	13.	14.	15.	16.	17.	18.	19.	20.	21.	22.	23.	24.	25.	26.	27.	28.	29.	30.
48. Gentianella corymb.					+	1	+	+	1			r				+	+		r	+	+		+	+						
49. Valeriana vetasana						+	2	+	+	1	1	1																		
50. Festuca dolichoph.							+		1	2	1				+															
51. Senecio vaccinioid.								r					r	+			+		r											
52. Gaultheria hapalotr.											+		r	1								1								
53. Pinguicula elongata																			+	+	+									
54. Baccharis tricunea.					+											+		r												
55. Castileja integrif.?					+						r					+														
56. Bartsia santolinaef.					+												r	r												
57. Spiranthes vaginat.				r													r					r								
58. Senecio abietinum														r	1															
59. Lobelia aff. rupestr.																	+	1												
60. Lycopodium attenu.																	r				r									
61. Jamesonia bogotens.																			↑											
62. Gnaphalium aff. ant.																1														
63. Danthonia secundif.																								+						
64. Hieracium aff. avilae														r																
65. Apium ranunculifol.						r																								
66. Monina salicifolia						r																								
ARTENZAHL	22	14	19	19	20	14	13	12	11	9	10	14	14	15	14	16	17	17	15	12	13	12	16	13	15	15	18	16	14	17

HÖHENPROFILSCHEMA (in der Horizontalen stark verkürzt, vergl. Abb. 3)

Tab. 12. Artmächtigkeit der Vegetation im Strauch- und Grasparamo des Untersuchungsgebietes. Quadrate (4 m²) im Abstand von jeweils 10 m an einer geraden Linie liegend, die sich durch den Grasparamo erstreckt und beiderseits in Strauchparamoteilen endet (vergl. Abb. 3). Durch stärkere waagerechte Striche sind 5 Gruppen gekennzeichnet: nur im Strauchp. gefundene Arten; Arten, die überwiegend im Strauchparamo vorkommen; Arten, die in Strauch- und Grasparamo etwa gleichhäufig sind; Arten, die überwiegend im Grasparamo vorkommen; Arten, die nur im Grasparamo gefunden wurden. Höhendifferenz im Bereich der Quadrate 16.-18. ca. 1 m. Vergl. Tab. 11.

VARESCHI (1953) erwähnt die Gesellschaft im Zusammenhang mit der Bestimmung der assimilierenden Oberfläche. Er verwendet zur Charakterisierung der Arten die Deckungsgradskala (cobertura) von BRAUN-BLANQUET (1950). Insgesamt führt er drei Assoziationen aus den venezolanischen Anden an, wovon nur die erste dem Espeletion zuzurechnen ist.

a. Espeletietum hypericosum, Páramo de Mucuchies, 3.800 m,

b. Aciachnetum pulvinatae, anmoorige Stellen des Páramo de Mucubají, 3.800 m,

c. Drabetum pamplonensis, Páramo de las Piedras, 4.400 m.

LOZANO-C. und SCHNETTER heben den hohen Zeigerwert der verschiedenen *Espeletia*-Arten hervor und beschreiben unter Berücksichtigung der Bodeneigenschaften insgesamt 8 Pflanzengesellschaften (asociaciones), von denen 4 durch das Vorkommen von *Espeletia*-Arten charakterisiert sind:

51

a. *Calamagrostis effusa – Espeletia grandiflora – Geranium santanderiense*-Gesellschaft

b. *Calamagrostis effusa – Espeletia grandiflora – Geranium multiceps –* Gesellschaft (z.T. auf anmoorigen Böden)

c. *Calamagrostis effusa – Espeletia corymbosa –* Gesellschaft (an höheren und anscheinend trockneren Lokalitäten als a.)

d. *Espeletia argentea –* Gesellschaft (Pioniergesellschaft nach Zerstörung der ursprünglichen Vegetation)

Das Untersuchungsgebiet im Monserrate–Paramo umfaßte Strauch- und Grasparamoteile. Für die Charakterisierung der Pflanzengesellschaften wurde in erster Linie die Artmächtigkeit (vergl. ELLENBERG 1956 S. 22, KNAPP 1971 S. 34 ff.) und die Konstanz in 2 mal 30 Probequadraten von 2 mal 2 m² bestimmt. Diese Flächengröße liegt zwar unter der auf etwa 12 m² anzusetzenden Mindestarealgröße und über der für Frequenzuntersuchungen üblichen Größe, erwies sich aber aus praktischen Gründen als vorteilhaft (u.a. wegen der Registrierung der Espeletiendichte und wegen des bewältigbaren Arbeitsaufwandes). Eine Umrechnung der Ergebnisse auf eine kleine Zahl von Probequadraten größerer Fläche ist leicht möglich, verändert des Ergebnis jedoch nur unwesentlich. Während die Quadrate von Tabelle 12 in einer Linie angeordnet sind, die im Strauchparamo beginnt, sich durch ein Stück Grasparamo zieht und wieder im Strauchparamo endet, liegen sämtliche Quadrate von Tabelle 13 in einem typischen Grasparamoteil. Tabelle 12 zeigt, daß sich im Monserrate-Gebiet Strauch- und Grasparamo aufgrund jeweils charakteristischer Artenkombinationen befriedigend trennen lassen. Die Strauchparamovegetation ist dabei sehr genau auf die stärker felsigen und meist auch stärker geneigten Partien beschränkt: Quadrate 1.-5. und 25.-30. (vergl. Höhenprofilschema in Tab. 12 und Kap. 6.2.). Die nur dem Strauchparamo eigenen Arten sind z.T. typische Vertreter des Ericaceen- (bzw. Zwergstrauch-)gürtels (z.B. Arten von *Befaria, Brachyotum, Gaultheria, Gaylussacia, Macleania*), z.T. Bergwaldarten, die hier in isolierten Exemplaren auftreten (z.B. Arten von *Clethra, Miconia, Oreopanax, Rapanea, Weinmannia*), z.T. aber auch Arten, deren pflanzensoziologischer Aussagewert noch näher bestimmt werden müßte. Dies gilt auch für die fast durchweg unauffälligen Arten, die nur im Grasparamo registriert wurden.

Während viele Strauchparamo-Arten am Grasparamo eine ziemlich scharfe Grenze finden, dringen die nach Artmächtigkeit und Konstanz typischen Grasparamo-Arten bis tief in den Strauchparamo vor (Tab. 13, Arten 1.-5. + 7.). Die mittlere Artenzahl des Strauchparamos ist nach Tabelle 12 deutlich größer als die des Grasparamos (17 : 13,5 Arten) wobei die Quadrate 16.-18., die auf einer flachen Geländewelle liegen, in dieser Beziehung fast dem Strauchparamo entsprechen. Insgesamt gesehen erscheint es sehr fraglich, ob der Strauchparamo als eigenständige Pflanzengesellschaft angesprochen werden kann. Wahrscheinlich ist, daß es sich um eine Mischgesellschaft handelt, in die viele der typischen Grasparamo-Arten eindringen, solange der Deckungsgrad der Holzgewächse dies noch zuläßt, in der daneben aber vitale oder durch die Standortbedingungen begünstigte Exemplare des Bergwald- und Ericaceengürtels vorkommen. Andererseits gibt gerade die

QUADRAT NR.	1.	2.	3.	4.	5.	6.	7.	8.	9.	10	11	12	13	14	15	16	17	18	19	20	21	22	23	24	25	26	27	28	29	30	K
1. Calamagrostis effusa	2	3	4	4	4	4	4	3	3	4	3	2	2	2	3	2	2	2	3	3	2	2	3	1	1	2	2	3	2	2	30
2. Espeletia grandifl.	2	1	2	+	1	2	1	2	3	1	1	1	1	1	+	1	2	2	2	+	2	r	2	2	+	+	2	2	2	2	30
3. Paepalanthus alp.	2	2	2	2	3	3	2	1	+	1	1	1	1	1	1	2	1	+	1	1	1	+	1	1	2	2	+	2	1	1	30
4. Rhynchospora daw.	2	2	2	2	1	2	1	2	1	1	1	1	1	1	+	1	1	1	+	1	+	1	+	1	1	1	1	1	1	1	30
5. Puya goudotiana	1	1	1		r	1	2	1	+	+	r	+			+	2	+	+	+	+		2	+	+	r	3	+	2	2	2	27
6. Gentianella corymb.	+			r		r		1	+	+	+	+	+	+	r			+	+	+	r	+	+	r	+	+	+	1	1	+	24
7. Oreobolus obtusang	2		1	1	1		+		+	2	+	+	+	2	1				+	1	1	1	2	1	1	1	1	1	1		23
8. Festuca dolicophylla		1	1		+	1			1		1			1	1	+			r	+		+	1	+	+	+	+	+			18
9. Agrostis tolucensis		+	+	+	+	+		+	+		+	+	+	+			+				1	1	+	+		+					17
10. Arcytophyllum nitid.	+	r	r	r		1	r		+		+		r				r			+		+	+	r					r	r	16
11. Senecio vaccinioid.	+		+	+	1	r				r	r		r	r						+	r	r	1						+		14
12. Hypericum struthiol.	r	r	r				+	r	r	r			r			r	r				r		r					r			13
13. Castratella pilosel.						1							r									r	r			r					5
14. Gaultheria hapalotr.	r				+			+												+									r		5
15. Miconia chionophila	+	2			+																					1					4
16. Lycopodium atenuat.									r					r															+		3
17. Xyris acutifolia													r						r					r							3
18. Blechnum loxense	r	r																													2
19. Senecio abietinus									r	r																					2
20. Lycopodium contig.		1																													1
21. Danthonia secund.									+																						1
22. Epidendrum chion.	+																														1
23. Hieracium aff. avilae																													+		1
24. Pernettya prostr.	+																														1
25. Diplostephium phyl.	r																														1
Moose	+		+		+	+	+	+		+	1	1	+	+	+	+	+	+	+	+		r		+	+	+	+	+	1	+	
Flechten	+	+	+	+	+	1	1	+	+	+	+	+	+	+	+	+	+	+	+	+	1	+	+	+	1	+	+	+	1	+	
ARTENZAHL	16	12	12	10	9	9	10	8	10	9	12	12	9	10	9	6	8	9	10	9	10	12	12	9	11	9	8	10	11	11	

Tab. 13. Artmächtigkeit und Konstanz der Vegetation im Grasparamoteil des Untersuchungsgebietes. Die 30 Quadrate zu je 4 m² in 3 Reihen zu je 10 aneinanderschließend (vergl. Abb. 3). K = Konstanz, ausgedrückt durch die Zahl der Quadrate, in denen die jeweilige Art vorkommt. Die unten angeführten Artenzahlen gelten nur für Kormophyten. Vergl. Tab. 11.

Erfassung einer solchen Mischgesellschaft Hinweise auf die ökologische Valenz vieler subalpiner Arten und damit auch auf das Zustandekommen der Waldgrenze. Wieweit der nahe dem Untersuchungsgebiet schwach ausgeprägte Ericaceengürtel durch klimatische und edaphische Faktoren bestimmt und pflanzensoziologisch eigenständig ist, müßte nachgeprüft werden. Die Verteilung der beiden auffälligsten Paramopflanzen *Espeletia g.* und *Puya g.* wird in Abschnitt 6.4. besprochen. Weitere Untersuchungen müßten zeigen, ob mehr auf Pflanzenformationen oder Lebensformen ausgerichtete Aufnahmen schon brauchbare Ergebnisse für eine Grobcharakterisierung liefern können. Bei dem derzeitigen Stand der Kenntnisse erscheint jedoch eine Einordnung der Gesellschaften in das pflanzensoziologische System noch verfrüht.

6.4. Wuchs- und Lebensformen

ESPINOSA (1932), der sich schwerpunktmäßig mit der Morphologie und Anato-
mie charakteristischer Pflanzen der Puna- und Paramoregion beschäftigt, unterteilt
die Lebensformen grob in Polster, Rosetten, Sträucher und Dornsträucher. Letztere sollen dem Paramo fehlen. *Espeletia*-Arten bezieht er nicht in seine Untersuchungen ein.

Die verschiedenen Wuchs- und Lebensformen der Grasparamovegetation stellt
CUATRECASAS (1934) in Abhängigkeit von der Artenzahl dar (vergl. Einleitung
zu Kap. 6.3). In einer neueren Veröffentlichung (1968, S. 171) gibt er eine
Zusammenfassung der wesentlichen Charakteristika die hier auszugsweise und
leicht verändert wiedergegeben sei:

a. Great extension, socialbility and density of caulirosuletum (*Espeletia* sp.).

b. Higher percentage of cryptofruticetum („durator prostrate woody shrubbs"
a.a.O. S. 167, z.T. den RAUNKIÄRschen Chamäphyten entsprechend: Anm. des
Verf.).

c. Perennigraminetum plants with tufted habit, and inrolled leaves – the form
with greatest expansion and density.

d. Higher percentage of rosette plants.

e. Annual plants absent or extremely rare.

f. The highest percentage (71%) of characteristic or exclusively paramo species.

TROLL (1960) bringt ein Schema der verschiedenen Lebensformen im Grasparamo und stellt Büschelgräser, stammbildende Wollschopfpflanzen und den xeromorphen Habitus der Paramopflanzen heraus. Den hohen Anteil von Rosetten-
pflanzen, Polsterpflanzen und Büschelgräsern mit zum großen Teil lederartigen
oder stark filzig behaarten Blättern hebt PANNIER (1969) hervor. Die Grobzu-
ordnung der im Untersuchungsgebiet vorkommenden Arten zu den RAUNKIAER-
schen Gruppen der Lebensformen in der Überarbeitung von ELLENBERG &
MUELLER-DOMBOIS (1967) ist in Tab. 11 vermerkt. Bei der quantitativen Auswertung wurden die Anteile im Gegensatz zu CUATRECASAS (1934) in Abhängigkeit von der Artmächtigkeit dargestellt (verg. ELLENBERG 1956, S. 33), da
diese Beziehung größeren ökologischen Aussagewert hat.

Die Abb. 8 zeigt für die Grasparamoteile ein starkes Hervortreten der Hemi-
kryptophyten, insbesondere der Horst-Hemikrytophyten. Ihnen folgen die Nanophanerophyten, unter denen die Schopfpflanzen in Form der Espeletien vorherrschen. An der 3. Stelle der Chamäphyten hat *Puya goudotiana* einen wesentlichen
Anteil, eine Art, die einen verzweigten Vegetationskörper aufweist. Nach den
vorliegenden Angaben dürfte *Puya* für andere Grasparamos sehr viel weniger charakteristisch sein. Von untergeordneter Bedeutung sind für diesen Paramotyp die
Geophyten und Therophyten. Noch deutlicher tritt die Eigenart der Grasparamo-
vegetation hervor, wenn man nach Wuchsformen und Blattanordnung ordnet
(Abb. 8, unten). Hier wird vor allem die starke Verbreitung der rosettigen Blattanordnung deutlich, die sich außer bei den Hemikryptophyta rosulata noch bei
Espeletien, Puyas und *Blechnum loxense* findet.

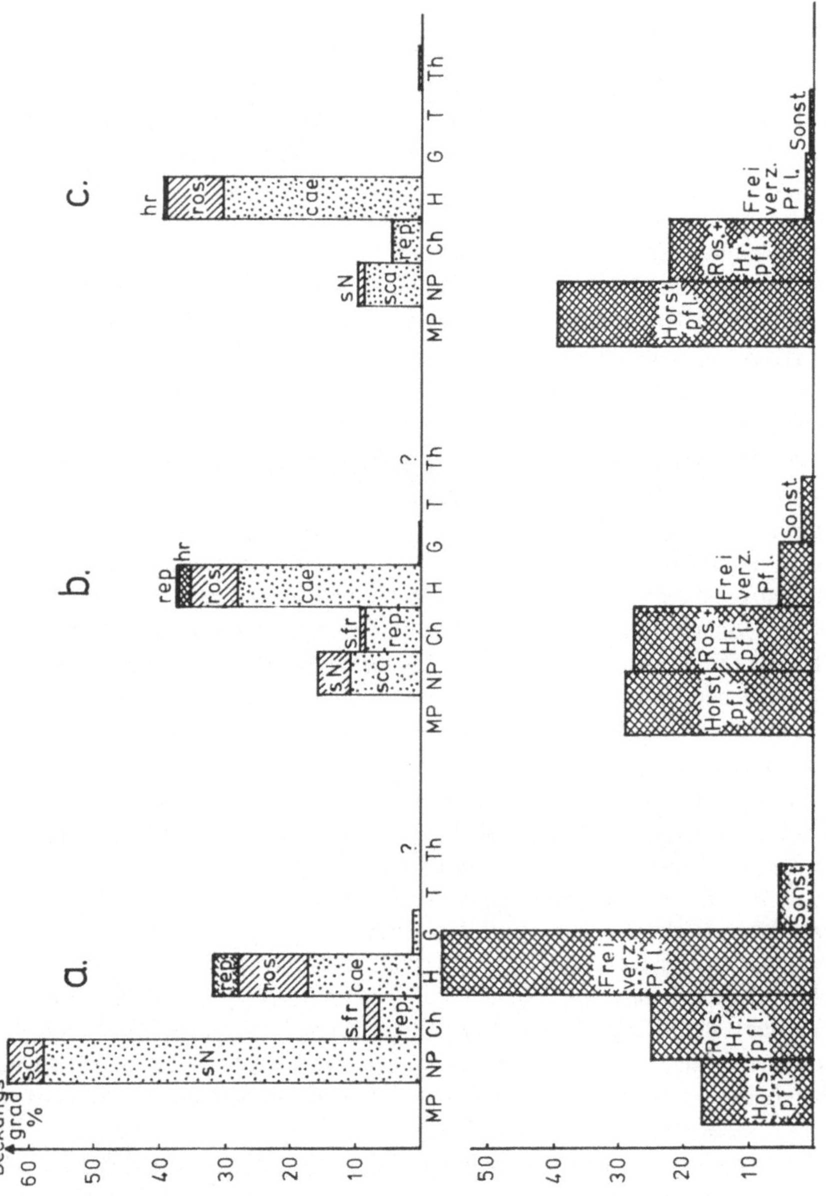

Abb. 8. Anteile verschiedener Lebens- und Wuchsformen am Deckungsgrad
a. im Strauchparamo (Tab. 12 Quadrate 1.-4. und 25.-30.)
b. im Grasparamo mit Übergängen zum Strauchparamo (Tab. 12/5-24)
c. im reinen Grasparamo (Tab. 13/1.-30.). Obere Reihe Aufteilung nach RAUNKIAER, untere Reihe Aufteilung nach Wuchsformen. cae = caespitosa, Ch = Chamaephyten, G = Geophyten, H = Halbrosetten-, Pfl. = Pflanzen, rep = reptantia, ros. = rosulata, Ros = Rosetten-, sca = scaposa, s.fr = Sklero- frutescentia,
MP = Makrophanerophyta, NP = Nanophanerophyta
sN = SkleroNP, Sonst. = sonstige Wuchsformen, T = Therophyten,
Th = Thallophyten (Ch + H), verz. = verzweigte.

Der führende Anteil von hartlaubigen Nanophanerophyten im Strauchparamo geht hauptsächlich zu Lasten des Anteils an Horstgräsern, während die Espeletien nicht in demselben Maße zurückgedrängt werden. Der geringe Anteil von Geophyten und Therophyten ist auch hier auffällig. Insgesamt ergibt sich ein höherer Deckungsgrad als im Grasparamo, was durch das teilweise unbewachsene Bodennetzwerk im Grasparamo zumindest teilweise erklärt wird. Auch hier führt die Darstellung nach Wuchsformen (Abb. 8, unten) zu einem charakteristischen Bild: Der Deckungsanteil von Horstwüchsigen, Pflanzen mit rosettiger Blattanordnung und Pflanzen mit frei verzweigten Trieben verläuft hier etwa spiegelbildlich zu der Verteilung im Grasparamo, d.h. während der Anteil der Rosettenwüchsigen am Deckungsgrad annähernd konstant geblieben ist, haben sich die Sträucher auf Kosten der Horstwüchsigen ausgebreitet. Eine größere Mannigfaltigkeit des Strauchparamos ist in dem etwas höheren Anteil der sonstigen Wuchsformen angedeutet. Die Bewurzelung konzentriert sich bei allen typischen Grasparamoarten auf die oberen Dezimeter des Bodens. Auch bei den Zweikeimblättlern (z.B. *Espeletia*) herrscht die flache büschelartige Anordnung der Wurzeln, die mit einer Reduktion der Hauptwurzel verbunden ist, oder die Ausbildung von flach liegenden Rhizomen vor (vergl. WEBER 1956, S. 586 ff. und Abb. 16). Dies mag wohl mit der Sauerstoffarmut des feuchten Bodens und vielleicht auch mit der etwas höheren Temperatur (vergl. Kap. 4.3.) dieser Schichten zusammenhängen. Die entsprechende Darstellung der Grasparamoteile nach Tab. 12 (Abb. 8b) zeigt, daß die genannten Charakteristika des Grasparamos hier weniger ausgeprägt aber noch deutlich vorhanden sind.

Der xeromorphe bzw. skleromorphe Habitus gerade der Arten mit der größten Artmächtigkeit war im Monserrate-Paramo deutlich. Bei den Horstgräsern verhielt sich der Deckungsgrad der Arten mit stark xeromorphen Blättern (*Calamagrostis effusa, Festuca dolicocephala, Agrostis tolucensis*, vergl. Abb. 9) zu den breitblättrigen Arten (*Calamagrostis planifolia, Cortaderia colombiana Danthonia secundiflora*) wie 14.3 : 1 (vergl. Tab. 13). Wollige Behaarung ist verbreitet (z.B. bei Arten von *Diplostephium, Espeletia, Eupatorium, Gnaphalium, Senecio, Siphocampylus*). Bei Sträuchern sind Hartlaubigkeit und Kleinblättrigkeit (Leptophyllie bis Nanophyllie, vergl. CUATRECASAS 1934, KNAPP 1971 S. 143) vorherrschend. Nur bei wenigen Arten ist eine Tendenz zur Succulenz feststellbar (z.B. *Senecio vaccinoides, Valeriana vetasana*).

Das Vorherrschen bestimmter Wuchs- und Lebensformen ist sicher ein schwer zu analysierendes Phänomen, das hier nur aspekthaft und punktuell ergänzend angesprochen werden kann. Eine ausführlichere Darstellung geben BILLINGS & MOONEY (1968 S. 490 ff.) Für afrikanische Paramos wird es von HEDBERG (1964) umfassender diskutiert. Daß der Untergrund beteiligt sein dürfte, macht das weiter oben Gesagte wahrscheinlich. Gerade in den tiefer gelegenen Regionen mögen auch die durch der Abbrennen veränderten Konkurrenzbedingungen mitspielen (vergl. HEDBERG 1964 S. 35 ff., LLOYD 1968, 1972, KNAPP 1971 S. 109 ff.), denen speziell die Horst- und Rosettenwüchsigen durch den relativ guten Schutz ihrer Vegetationspunkte und Bildungsgewebe besser angepaßt sein dürften,

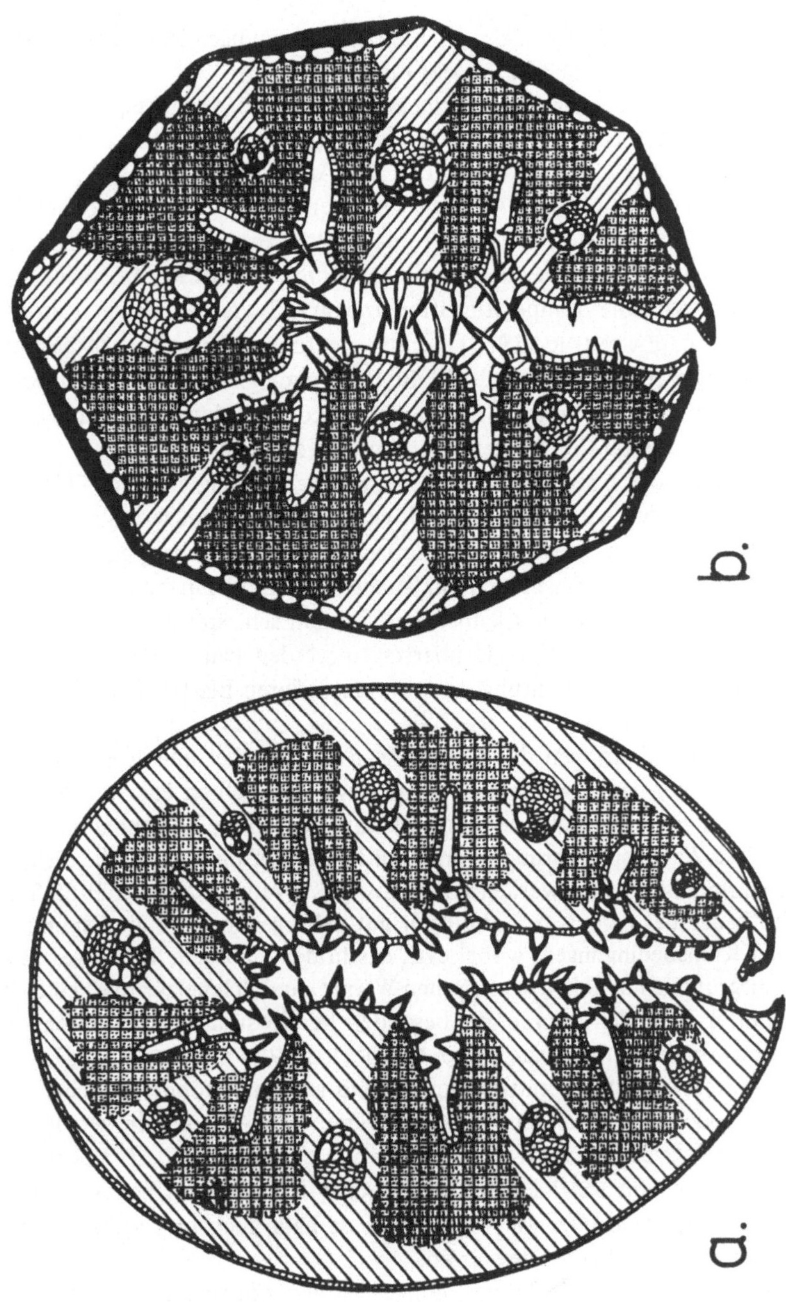

Abb. 9. Querschnitte durch die mittlere Blattregion der beiden häufigsten Gramineenarten des Monserrate-Paramos a. *Calamagrostis effusa* b. *Festuca dolicocephala*, vergr. ca. 80 x. Auffallend der konvergent xeromorphe Habitus. Gewebe halbschematisch dargestellt: schraffiert = Sklerenchym, punktiert = Assimilationsparenchym, Epidermen und Leitbündel zellig ausgestaltet.

wobei *Espeletia* durch den dicken, dichten und beständigen Mantel der Blattbasen noch einen zusätzlichen Schutz genießt (vergl. Abb. 16).

Zweifellos fließen auch klimatische Wirkungen und Anpassungen ein. Experimente von HEDBERG (1964 S. 73 ff.) und COE (1967 S. 118) zeigen, daß das Paramoklima zumindest bei einem Teil der Arten eine Reduzierung der Internodienlänge begünstigt. Beide Autoren berichten auch, daß sich die Rosettenblätter von *Senecio-* und *Lobelia*-Arten nachts zusammenneigen („night buds" HEDBERG 1964 S. 63). In dieser Stellung konnte HEDBERG in einem Fall bei einer Lobelia-Art eine Temperaturdifferenz von 4,5 Grad C zwischen Innen und Außen messen. PANNIER (1969) konnte deutliche Auswirkungen bestimmter Temperaturwechselselcyclen auf die Blattmorphologie von *Espeletia schultzii* Wedd. feststellen. In diesem Zusammenhang könnten büschelige und rosettige Anordnung der Blätter drei Vorteile bringen, und zwar durch:

a. Vermeidung der Überhitzung bzw. Strahlenschädigung größerer Flächen aufgrund der kombinierten Wirkung von Beschattung und schrägem Strahleneinfall: Bei Halbkugelrosetten, wie sie für Espeletien und *Paepalanthus* typisch sind (vergl. Abb. 10) werden z.B. bei senkrechtem Strahleneinfall die innersten, fast senkrechten Blätter voll bestrahlt. Dies jedoch unter einem sehr spitzen Winkel zur Blattfläche, so daß nur wenig Energie übertragen werden kann. Umgekehrt sind die senkrecht zur Strahlungsrichtung orientierten äußeren Blätter dann maximal beschattet usw.

b. durch tiefes Eindringen der Strahlung in die Büschel und Rosetten und die dadurch bewirkte tiefgreifende aber — aufgrund der dichten Packung der inneren Teile und der Einschränkung der Luftzirkulation — relativ lang anhaltende Erwärmung. Diese Wärmespeicherung könnte bei Espeletien noch durch die dichte wollige Behaarung begünstigt werden (Glashauseffekt, vergl. WALTER 1968 S. 538).

c. Schutz der bei beiden Anordnungen gut geborgenen Vegetationspunkte vor extremen Klimabedingungen, wobei evtl. das in den zentralen Teilen gesammelte Wasser aufgrund seiner hohen specifischen Wärme (und Schmelzwärme) einen Temperaturpuffer darstellen könnte, der besonders bei Frost und beim Abbrennen der Vegetation von Bedeutung wäre (vergl. HEDBERG 1964 S. 59, COE 1967 S. 118).

Daß extreme Blattemperaturen im Paramo auftreten können, machen die gemessenen Bodenoberflächentemperaturen (vergl. Kap. 4.3) und die gerade an sonnigen Tagen gelegentlich auftretende Windstille wahrscheinlich. Temperaturdifferenzen, die den von SCHNETTER (1971 S. 170) bei Santa Marta gemessenen entsprechen (Δ t z.T. über $10°$ C), dürften deshalb auch hier auftreten. Leider fehlen bisher entsprechende Messungen.

Interessant wären auch Untersuchungen zu den Anpassungen von Keimpflanzen an die klimatischen und edaphischen Bedingungen des Grasparamos. Zumindest im streufreien Netzwerk der Bodenoberfläche des Monserrate-Paramos dürften die zeitweise extremen Klimabedingungen ein Aufkommen nicht angepaßter Keimpflanzen erschweren oder unmöglich machen. So könnte wahrscheinlich schon ein einmaliges Abbrennen der Gehölzformation nahe der Grenze zum Paramo durch die damit verbundene Veränderung des Mikroklimas zusammen mit

58

Abb. 10. Halbkugelrosetten
a. *von Espeletia grandiflora* (Páramo de Guasca, ca. 3.200 m), Rosettendurchmesser etwa 60 cm.
b. *Von Paepalanthus alpinus* (Páramo de Monserrate, 3.230 m), Rosettendurchmesser etwa 15-20 cm.
Die Beschattungsverhältnisse bei verschiedenen Einstrahlungswinkeln lassen sich aufgrund der Blattanordnung leicht abschätzen.

der Vernichtung der Streuschicht, der Steigerung der Evaporation und der Verdichtung des Bodens irreversible Bedingungen schaffen (vergl. REHM 1973). Ob ein Teil der anatomischen und morphologischen Eigenarten im Zusammenhang mit der Wasseraufnahme durch die Blätter steht, wie es WEBERBAUER (1911) vermutet, oder auch durch den Wind bedingt ist (ESPINOSA 1932, SMITH 1972), müßte auf breiterer Grundlage geprüft werden. Auch könnte die Kondensation der Nebelfeuchtigkeit durch manche Wuchsformen begünstigt werden. So schreibt SMITH (1972) den dichten spitzblättrigen Polstern (Horsten) von *Aciachne pulvinata* die Fähigkeit zu, an der Luvseite Wasser aus nebelbeladenem Wind auszukämmen, ohne jedoch quantitative Angaben machen zu können. Faktoren, die die Xeromorphie in humiden Klimaten begünstigen könnten, sind u.a. von HIRSCH (1956), MÄGDEFRAU (1960 S. 68-70), HEDBERG (1964 S. 70 ff.), WALTER (1968 S. 30 ff.) und LÖTSCHERT (1969 S. 70 ff.) diskutiert worden.

6.5. Die Gattung *Espeletia**

Sie soll hier gesondert besprochen werden, da sie durch ihre relativ große Biomasse und ihre Großwüchsigkeit Habitus, Kleinklima und Produktivität des Paramos wesentlich mitbestimmt, da ihr Artenreichtum sowie die Stenökie und Häufigkeit von Endemiten eine gute Charakterisierung von Teilregionen und Unterteilung von Gesellschaften erlaubt und da die durchgeführten zoologischen Untersuchungen ihren Schwerpunkt bei der Espeletienmerozönose haben. Insgesamt sind bis heute rund 100 Espeletien-Arten beschrieben worden. Die weitaus meisten wachsen in Höhen zwischen 2.800 und 4.500 m. Die wahrscheinlich relativ ursprüngliche *Espeletia nereifolia* (KUNT in H. & B.) soll in Venezuela bis 1.200 m absteigen (DIAZ unveröffentl.). Als Ursprungsgebiet der Gattung gilt die Kordillere von Mérida (SMITH & KOCH 1935, CUATRECASAS 1954). Der typische Habitus der *Espeletia*-Arten ist charakterisiert durch einen unverzweigten Stamm, der am Ende einen Schopf von wollig behaarten Blättern trägt (vergl. Abb. 1, 2, 10a). Als deutsche Bezeichnung für diese Wuchsform sind gebräuchlich: „Stamm-Schopfblattgewächse" (TROLL 1948), „stammbildende Wollschopfpflanzen" (TROLL 1960), „Kerzen-Schopf"- bzw. „Zwergschopfbäume" (SCHMITHÜSEN, 1968), als englische „rosette trees" und „giant rosette plants". Diese Wuchsform kommt in sehr ähnlicher Form und unter ähnlichen klimatischen Bedingungen z.B. auch in den Gebirgen des tropischen Ostafrika (*Senecio*- und *Lobelia*-Arten) in leicht abgewandelter Form auch auf Java (*Anaphalis*-Arten), Hawai (*Argyrosyphium*), den Macquarie-Inseln (*Pleurophyllum hookeri*, stark wollig behaart und

---

* Neuerdings teilt CUATRECASAS (1976) das Genus *Espeletia* in 7 Genera ein, die er in den neuen Subtribus Espeletiinae einordnet. Zur neuen Gattung *Espeletia* (mit 51 von 124 Arten des Subtribus) gehören danach nur Arten mit dichasialen, blattachselständigen Blütenständen, ohne baumartig verholzte Stämme.

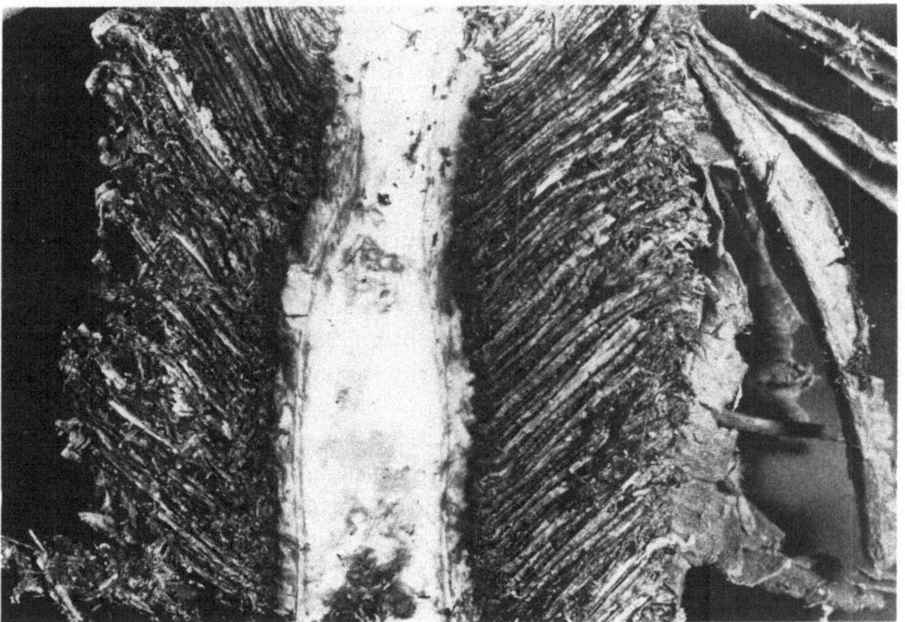

Abb. 11. Stamm von *Espeletia grandiflora* mit abgestorbenen Blättern. Durchmesser des eigentlichen Stammes 5-6 cm, der Hülle aus Blattbasen ca. 15 cm.
a. Von der Seite, links nach Entfernung der Oberblätter, nur von Blattbasen umgeben, rechts mit Mantel aus abgestorbenen Oberblättern.
b. Längsschnitt, die dichte Packung der Blattbasen und ihren Anstellwinkel zeigend. Im eigentlichen Stamm ist die Kambiumzone deutlich zu erkennen (vergl. WEBER 1956).

61

Culcitium-ähnlich) und den Kerguelen (*Pringlea*) vor (DOCTERS v.L. 1934, COTTON 1943, TROLL 1959, STONE 1963, HEDBERG 1964 S. 52 ff). Der Stamm kann eine Höhe von mehreren Metern erreichen. Die abgestorbenen Blätter bleiben, wenn sie nicht abgebrannt werden, meist jahrelang erhalten und bedecken, schräg nach unten hängend, den Stamm unterhalb des lebenden Blattschopfes in einer Länge von mehreren Dezimetern bis Metern. Noch länger als die Blattspreiten bzw. deren Stiele und Mittelrippen bleiben die dicht schließenden und ebenfalls reichlich mit Haaren besetzten Blattbasen erhalten (vergl. Abb. 10a, 11-16). Sie umkleiden den harzreichen und z.T. verholzten eigentlichen Stamm bis zur Bodenoberfläche. Wahrscheinlich tragen sie wegen ihrer isolierenden Wirkung wesentlich zur Feuerfestigkeit der Espeletien bei und dürften – ähnlich wie es HEDBERG (1964 S. 63) für die Baumsenecionen der tropisch-afrikanischen Gebirge vermutet – einen Frostschutz für den eigentlichen Stamm darstellen. Sie würden so in der Zone mit häufigen Nachtfrösten die Wasserversorgung des lebenden Blattschopfes sichern. Als Abweichung vom geschilderten Typ ist zu erwähnen, daß bei einigen Arten die stark wollige Behaarung der Blattspreiten stark reduziert ist, Stammverzweigungen vorkommen können, oder der Stamm unterirdisch angelegt sein kann. Der Mantel aus abgestorbenen Oberblättern (vergl. Abb. 11) stellt einen Merotop für Kleintiere dar (vergl. TISCHLER 1957 s. 91 und Kap. 7.5.).

Die weiteren Untersuchungen an Espeletien betrafen einmal die Verteilung von Exemplaren der Art *Espeletia grandiflora* H & B im Grasparamo, zum anderen das Wachstum bzw. Die Nettoproduktion dieser Art. Die Verteilung der beiden großwüchsigen Arten im Grasparamo des Monserrate, nämlich von *Espeletia grandiflora* und *Puya goudotiana* läßt sich nach Abb. 12 folgendermaßen charakterisieren:

a. Der Bestand setzt sich aus Pflanzen sehr verschiedener Größe und damit sehr verschiedenen Alters zusammen (vergl. Kap. 5.2.).

b. Das Aufkommen der Jungpflanzen ist nicht an die Schutzwirkung größerer Exemplare gebunden.

c. Es wurden keine abgestorbenen Espeletien-Exemplare unter 45 cm Höhe registriert, ein Hinweis auf die geringe Mortalität bis zu dieser Größen- und Altersstufe,

d. Stammhöhen von über 1 m werden selten erreicht. Das größte vermessene Exemplar hatte eine Höhe von 120 cm.

e. Die abgestorbenen Espeletien bleiben noch längere Zeit aufrecht, behalten ihren Blattmantel noch monate- oder jahrelang und zersetzen sich langsam erst nach dem durch Faulen der bodennahen Teile bedingten Umfallen.

f. Da *Espeletia* keine Ausläufer bildet, ist die Verteilung der Exemplare von der Verteilung und Keimung der im Gegensatz zu den Baumsenecionen kaum flugfähigen Samen (vergl. PANNIER 1969) sowie den Entwicklungsbedingungen für die frühen Stadien abhängig. Anscheinend bedeutet ein relativ dichtes Vorkommen in kleineren Gruppen keine deutliche Minderung der Konkurrenzfähigkeit aber auch, wie die vielen einzeln stehenden Exemplare zeigen, keinen deutlichen Vorteil.

g. Die Soziabilität von *Puya goudotiana* ist wegen der Fähigkeit, Seitentriebe zu bilden, deutlich größer. Da die relativ niedrigen Stachelrosetten oft sehr dicht aneinanderschließen, entsteht unter ihnen ein Raum mit eigenem Mikroklima, in

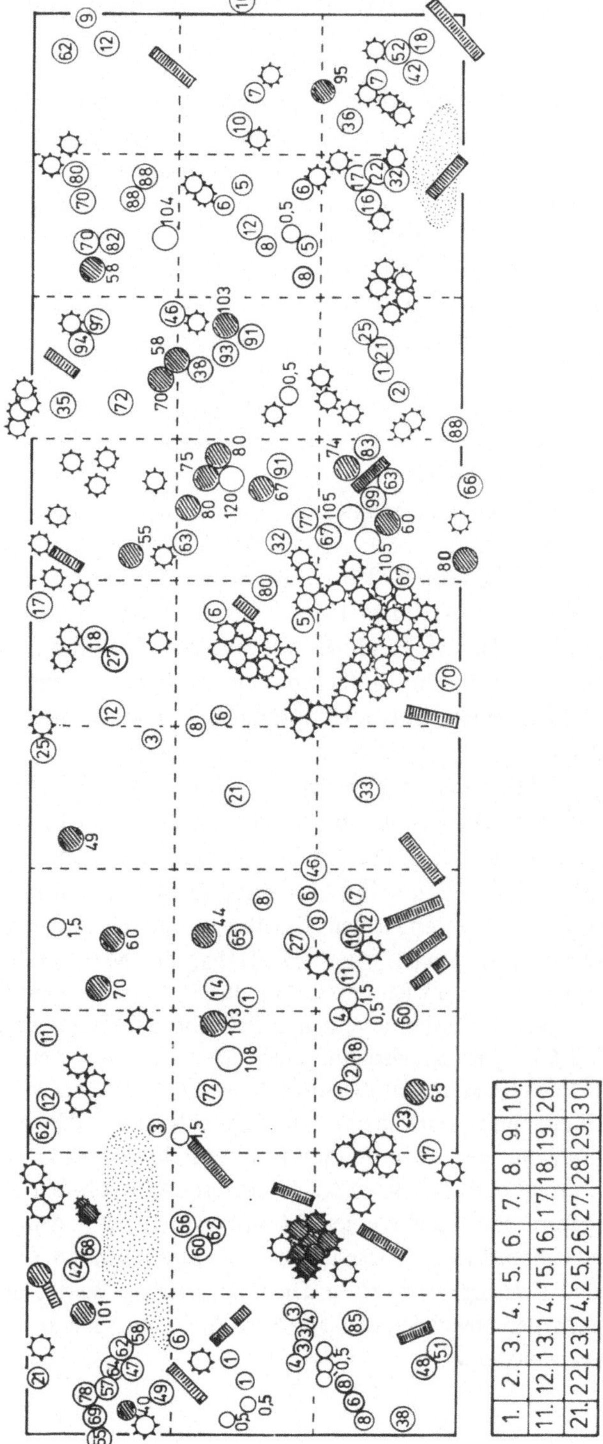

Abb. 12. Verteilung der beiden großwüchsigsten Arten des Grasparamos: *Espeletia grandiflora* (einfache Kreise) und *Puya goudotiana* (Stachelkreise). Quadrate entsprechen denen von Tab. 13. Zahlen in oder bei den *Espeletia*-Kreisen = Höhe von Erdoberfläche zum oberen Stammende. Schräge Schraffur = abgestorbene Exemplare. Punktierung = Felsoberflächen.

den größere Tiere, z.B. Vögel schwer eindringen können und den z.B. Eidechsen der Gattung *Ophryoessoides* gerne als Wohnstätten benutzen.

Der jährliche Blattzuwachs von *Espeletia grandiflora* wurde an Exemplaren des Untersuchungsgebietes durch Anbringen von Aluminiummarkierungen und Auszählen der Blätter über 10 cm Länge innerhalb der Markierungen für die Zeit vom 22.2.1968 – 7.3.1969 bestimmt. Es ergab sich ein Zuwachs von 45/51/51/35 Blättern. Durch Auszählen von 180-262 Blättern pro Exemplar aus dem oberen Teil der abgestorbenen Blattmasse und der Bestimmung der auf sie entfallenen Strunkhöhe wurde die Zahl der in dem angegebenen Zeitraum zugewachsenen Blätter in Längenzuwachs des Stammes umgerechnet. Es ergaben sich 3,5/3,9/3,5/3,9 cm an Zuwachs. Hieraus läßt sich für die höchsten Exemplare ein Alter von 30-40 Jahren abschätzen.

Mit diesem jährlichen Längenzuwachs stimmen die Angaben von HEDBERG (1969) für *Senecio keniodendron* auf dem Mt. Kenya mit einem Jahreszuwachs von knapp 2,5 cm (45 cm in 19 Jahren) relativ gut überein, wenn man bedenkt, daß diese Senecionen in 4.200 m Höhe wuchsen. Dagegen ist die Angabe von DOCTERS V.L. (1934), daß Sämlinge von *Anaphalis javanica* in Gipfelnähe des Pangrango (Java, 3.022 m) in 13 Jahren eine Höhe von 13 cm erreichten wohl mehr aus der in den frühen Entwicklungsstadien geringeren Wachstumsgeschwindigkeit zu erklären.

Die Nettoproduktion der oben erwähnten mittelgroßen Espeletien an Trockensubstanz pro m^2 und Jahr konnte aus dem Durchmesser des Blattschopfes sowie dem Gewicht der vegetativen Zuwachsteile abgeschätzt werden. Sie ergab sich zu rund 300 g/m^2.a (230-340 g/m^2.a), was einer Intensität entspricht, die nach ODUM (1963 S.59) von semiariden Grasfluren und Gebieten mit spärlichem Ackerbau erreicht wird. VARESCHI (1953) hat die Nettoproduktion für ein Espeletietum hypericosum im Páramo de Mucubají (3.800 m, Venezuela) indirekt über die Bestimmung der assimilierenden Oberfläche erschlossen und kommt umgerechnet auf 2.683 g/m^2.a, also auf einen trotz der größeren Höhe deutlich größeren Wert. Leider lassen sich die Angaben von QUINTERO & VIVES (1962), die in einem Subparamo-Gebiet beim Stausee von Neusa (3.020 m, ca. 75 km N von Bogotá) Freilandversuche mit Radieschen durchführten, nicht auf m^2 umrechnen (vergl. Kap. 5.4). CARDOZO & SCHNETTER (1976) ermittelten auf einer vorher abgeernteten Fläche einer *Calamagrostis effusa – Espeletia grandiflora – Geranium santanderiense* Gesellschaft u.a. Zuwachsraten für *Paepalanthus columbiensis* und *Calamagrostis effusa*. Die sehr niedrigen Werte, die sie erhielten, sind schon wegen der abweichenden Methode nicht mit den o.g. von *Espeletia grandiflora* zu vergleichen.

6.6. Blühperiodizität

Zu diesem Aspekt liegen nur spärliche Angaben vor, z.T. wohl deshalb, weil die zur Feststellung der Periodizität notwendigen regelmäßigen Kontrollen vielfach nicht möglich waren. PANNIER (1969) registriert für venezolanische Paramos eine Blütezeit, die streng auf den Übergang von der Regen- zur Trockenzeit beschränkt ist. Für Espeletien macht er außerdem eine Periodizität der Auskeimdisposition wahrscheinlich. VARESCHI (1970, S. 9-11) erwähnt ebenfalls für Paramos in Venezuela eine Blütezeit von September bis November (Dezember) und spricht in diesem Zusammenhang sogar von Blütenteppichen, die zu den schönsten der Welt gehören. Einen Tiefpunkt der Blühintensität konstatiert er zu Beginn der Regenzeit. Wahrscheinlich gehen auch die farbigen Schilderungen, die GOEBEL (1891) von der Paramoflora gibt, auf einen Besuch zur Hauptblütezeit zurück.

Für die peruanischen Punamatten liegt die Blühperiode nach WEBERBAUER (1911, S. 212) auf den Monaten Januar bis März. Auch in der alpinen Stufe des Pangrango Gedeh (Java) war eine jahreszeitlich bedingte, wenn auch nicht sehr ausgeprägte Blühperiode nachweisbar (DOKTERS V.L. 1933 S. 84 ff.). Ein Maximum der Blühintensität lag hier im Mai (Ende der Regenzeit), ein Minimum im September (Ende der Trockenzeit). In der alpinen Zone des Mount Kenya ist die Blütezeit von fast 80% der Arten über 10-12 Monate verteilt (COE 1967 S. 117).

Im Monserrate-Paramo waren Blühperioden während des Beobachtungszeitraumes zweifellos vorhanden aber nicht genau abzugrenzen. Die meisten Exemplare von *Espeletia grandiflora* blühten von Mai bis August, also vom Ende der kleineren der beiden Regenzeiten bis fast zum Ende der kleineren Trockenzeit, mit einem Maximum im Juli, zu dem knapp die Hälfte der Exemplare in Blüte stand. *Espeletia corymbosa* am Westhang des Monserrateberges blühte 1969 schon ab März verstärkt. Einzelne blühende *Espeletia*-Exemplare konnte man jedoch zu allen Monaten des Jahres antreffen. Etwas enger begrenzt als die von *Espeletia grandiflora* war die Hauptblütezeit von *Puya goudotiana*. Sie ereichte ihr Maximum in der ersten Julihälfte. Die meisten der typischen und häufigeren Grasparamo-Arten wiesen eine ähnliche Periodizität mit dem Maximum von Juli bis September auf (z.B. *Calamagrostis*-Arten *Castratella p., Hypericum struthiolaefolium, Paepalanthus a. Rhynchospora d., Xyris a.*). Deutlich geringer ausgeprägt war die Periodizität bei *Gentiana c.* und *Arcytophyllum n.* Anscheinend ist die Periodizität in den venezolanischen Paramos stärker ausgeprägt, die Blütenfülle größer. Im Monserrate-Paramo herrschte auch während der Hauptblütezeit der graugrüne Farbton vor. Als Ursachen für diesen Gegensatz wären u.a. Verschiedenheiten in der Ausprägung und steuernden Wirkung der Regen- und Trockenzeiten oder floristische Verschiedenheiten denkbar.

7. ZUR TIERÖKOLOGIE

7.1. Problemstellung

Die Fauna der andinen Paramoregion – speziel die Wirbellosenfauna – ist nur ungenügend erforscht. Der hohe Anteil seither unbeschriebener Arten erschwerte auch die Bestimmung des eigenen – z.Z. nur zum kleineren Teil bearbeiteten – Materials (vergl. Kap. 7.3.). Tierökologische Fragestellungen wurden seither entweder nur sehr pauschal (vergl. SWAN 1963, MANI 1968, Biogeography ... 1968, 1969) oder aus sehr spezieller Sicht bearbeitet (vergl. RICHTER 1941 a.u.b., BARCLAY 1963, LANGNER 1973, MÜLLER 1973). Die eigenen Untersuchungen hatten zum Ziel, einen vorläufigen und groben Überblick über die Verteilung und Eigenart der Meso- und Makrofauna in einem regelmäßig erreichbaren Gebiet zu geben und ihn an charakteristisch erscheinenden Stellen zu vertiefen. Zum Unterschied von anderen physiognomisch orientierten Ansätzen (vergl. SCHALLER 1961, 1963, VOLZ 1964, REMMERT 1966, BECK 1971) sollte eine abgestimmte Kombination verschiedener Erfassungsmethoden und die Berücksichtigung der wichtigsten Merotope und Strata einen möglichst fundierten und abgerundeten Gesamteindruck liefern. Aufgrund der begrenzten, für diese Zwecke verfügbaren Arbeitskapazität standen Abundanzbestimmungen im Vordergrund, die Biomasseverteilung konnte nur grob geschätzt, die Bearbeitung produktionsbiologischer Fragen mußte ausgeschlossen werden. Eine abgestufte Schwerpunktbildung erfolgte durch die Konzentration auf den relativ leicht erreichbaren Páramo de Monserrate, auf die Arthropodenfauna, die sich durch leichte Erfaßbarkeit, hohe Besatzdichte und charakteristische Zusammensetzung auszeichnete, auf den Merotop des abgestorbenen Blattmantels von Espeletien, der spezifisch für den Espeletienparamo ist, und auf die Gattung *Meinertellus* (Thysanura), eine der charakteristischsten Gattungen für den letztgenannten Merotop. Eine vorläufige Vergleichbarkeit der Daten sollte durch Paralleluntersuchungen erreicht werden, die in anderen Paramos der Umgebung Bogotás und im Carare-Opón-Gebiet (STURM, ABOUCHAAR *et al.* 1970) mit gleichen oder ähnlichen Methoden durchgeführt wurden. Mängel der eigenen Untersuchungen, die u.a. bedingt sind durch unvollständige Bestimmung der gesammelten Tierarten, Fehlen von Daten aus weiter entfernten Paramoregionen und Beeinträchtigung einiger Ergebnisse durch extreme Klimabedingungen werden nicht verkannt. Sie erfordern eine besonders kritische Diskussion der Ergebnisse, geben aber gleichzeitig wichtige Hinweise für geplante künftige Untersuchungen.

7.2. Methoden

Auswahl und Anwendungsbereich der Methoden orientieren sich nicht an einem
gängigen Schema. Deshalb sei eine kurze Begründung eingeschlossen.

Da die meisten aus tropischen Gebieten vorliegenden quantitativen Bestandes-
aufnahmen der Arthopodenfauna mit der BERLESE-TULLGREN-Methode (vergl.
BALOGH 1958, SOUTHWOOD 1968) gewonnen worden sind (vergl. SCHALLER
1961, 1963, WINTER 1963, GREENSLADE 1968, BECK 1971) bot sie sich als
Methode der Wahl auch für den Paramo an. Benutzt wurden 10 gleichartig ausge-
stattete Apparate: 25 W-Birnen, Siebdurchmesser 21 cm, Maschenweite 5 mm,
Verhinderung von Kondenswasserbildung durch Drahtstützen im Trichter und
Entlüftungslöcher im Lampenschirm, Probengröße für Bodenproben: 250 ml, für
Käfersiebmaterial bis 1000 ml, für Direktauslese von Blattmaterial bis 2000 ml,
Extraktionszeit 3 Tage.

Da die tote Blattmasse einer einzigen mittelgroßen Espeletie in den 10 Appara-
ten nicht gleichzeitig zu verarbeiten war, Teilproben jedoch mit einer zusätzlichen
und schwer abschätzbaren Fehlermöglichkeit belastet gewesen wären (vergl. Tab.
17), wurden die Blätter zunächst in einem Käfersieb nach REITTER (vergl.
BALOGH 1958, S. 350) vorverarbeitet: Durchmesser 30 cm, Fassungsvermögen
des zylindrischen Teils 27 Liter, Maschenweite 7 mm, Einfüllen der Blätter mit
Längsachse senkrecht zu Sieb bis zu 1/2 des Siebvolumens, einheitlich mecha-
nische Behandlung. Der durch das doppelte Ausleseverfahren bedingte Fehler
wurde durch 3 Kontrolluntersuchungen ermittelt. Zweimal wurde der kleinere
Teil der Blattmasse (1/4 bzw. 1/5) mit Hilfe des BERLESE-Verfahrens, der grö-
ßere kombiniert verarbeitet. Im dritten Fall wurden im Käfersieb vorbehandelte
Blätter in BERLESE-Apparaten nachbehandelt. Danach erlaubt die Kombinations-
methode — die o.g. Mengenverhältnisse vorausgesetzt — eine bessere Erfassung der
Thysanura, Blattaria, Coleoptera, Araneae, Opiliones, Pseudoscorpiones, Diplopo-
den und Isopoden. Unregelmäßig oder deutlich schlechter sind die Ergebnisse für
Collembola, Psocoptera, Thysanoptera, Larven der Holometabola, Lepidoptera,
Diptera und Hymenoptera, z.T. wohl wegen der mechanischen Beanspruchung im
Käfersieb.

Die Acari wurden recht konstant zu 10-12% erfaßt. Damit lieferte die Kombi-
nationsmethode fast alle zur Charakterisierung des Merotops wichtigen Tiergruppen in ausreichenden bis hohen Anteilen und erlaubte darüber hinaus, die Arthropodenfauna von bis zu 10 Espeletien gleichzeitig zu erfassen. Allerdings war
die Ausbeute bei dem deutlich feuchteren Blattmaterial aus den Paramos von
Chisacá und Guasca geringer. Diese Werte können deshalb nur mit Vorbehalt zum
Vergleich herangezogen werden.

Nachdem sich herausgestellt hatte, daß die Paramoböden reich an Nematoden
und Enchytraeen waren, wurden verschiedene Proben nach der BÄRMAN-
Methode aufgearbeitet (vergl. BALOGH 1958, SOUTHWOOD 1966): Probengröße in der Regel 10 ml, Erhitzung durch 25 W-Birnen. Parallelproben von 1-5 ml

wurden direkt untersucht: Binokular, 12,5 — 50 fache Vergrößerung, Auf- und Durchlicht. Streifnetzfänge und andere überwiegend qualitative Aufsammlungen wurden in den Tabellen nicht berücksichtigt.

Da die seither genannten Methoden nur Aussagen zur Abundanz von Tierarten und -gruppen gestatten, schien es interessant, auch die Aktivitätsdichte zu berücksichtigen. Wegen der einfachen Handhabung und der guten Vergleichbarkeit wurde als Hauptmethode der Fang mit BARBER-Fallen gewählt (BARBER 1931, BALOGH 1958): Aufstellung von 10 Fallen vom 22.2.1968 — 21.3.1969 in Vegetationslücken, eine Falle in *Calamagrostis*-Büschel, Öffnungsdurchmesser 5,5 cm, Kontrollen in Abständen von 14 Tagen (bei Gramineenfalle bis zu 4 Wochen), Konservierungsflüssigkeit: verdünnte Formaldehydlösung + Netzmittel. Einige Ergebnisse wurden durch Regenwasser, das bei Gewitterregen in die Gefäße einlief, beeinträchtigt. Gut die Hälfte der Fänge blieb voll auswertbar.

Um auch die Aktivitätsdichte im Luftraum bis ca. 70 cm zu erfassen, wurden Luftfallen mit Ablenkplatten in den Höhen 6, 36 und 66 cm aufgestellt. Sie werden bei STURM, ABOUCHAAR *et al.* (1970) näher beschrieben (vergl. auch SOUTHWOOD 1966, S. 193, MÜHLENBERG 1976, S. 151). Die Netzfänge von Vögeln, die ebenfalls Aussagen über die Aktivitätsdichte im Luftraum bis zu 2 m erlauben könnten, wurden nicht mit der notwendigen Regelmäßigkeit und z.T. im Subparamo durchgeführt.

Eine statistische Auswertung der quantitativen Daten wurde wegen der unvollständigen Aufschlüsselung in Arten und wegen des vorbereitenden Charakters der Arbeit nicht vorgenommen. Der Begriff „Wohndichte" (wenn nicht anders vermerkt in Individuen pro Liter) wird im folgenden für morphologisch und ökologisch nicht einheitliche Tiergruppen gebraucht, der Begriff „Abundanz" (ebenfalls in Individuen pro Liter) für Arten oder im obigen Sinne einheitliche Gruppen (vergl. SCHWERDTFEGER 1975, S. 110). Zum Begriff „Merotop" bzw. „Merozönose" s. TISCHLER (1957).

7.3. Die Paramofauna

7.3.1. Gesamteindruck

Die Tierwelt trat im Monserrate-Gebiet, auf das sich die Beobachtungen in erster Linie beziehen, tagsüber wenig in Erscheinung. Ähnliches berichtet HELLMICH (1949) vom Páramo de Sumapaz: „Außer einigen Fliegen und wenigen Vögeln ... erschien uns der Paramo fast leblos." Von den in Kap. 7.3.2. erwähnten Säugetieren wurde nur eine an den lebenden Blättern einer Espeletie aufgehängte Fledermaus *Lasiurus cinereus villosissimus*) gesehen. *Cryptotis th. thomasi* (Insectivora), die sich zweimal in BARBER-Fallen fing, dürfte nachtaktiv sein. Dagegen sind die Vögel trotz ihrer im Vergleich zur Bergwaldregion geringeren Abundanz und Artenfülle die wohl auffälligste Gruppe der Wirbeltiere. *Coragyps atratus* wurde häufig gesehen und hatte einen alten Nistplatz dicht beim Untersuchungsgebiet. Kolibris waren nicht selten. Daneben wurden besonders Vertreter der Passeriformes beobachtet. Bei den in Kap. 7.3.2. aufgeführten Arten handelt es sich größtenteils um Gäste aus der Bergwaldregion, die z.T. auch für die freien Flächen der Sabana von Bogotá typisch sind. Schwankungen der Abundanz und der Artenzusammensetzung sind schon von daher wahrscheinlich und dürften durch die lockere Bindung mancher Vertreter an die Blüh- und Reifeperioden häufiger Paramopflanzen (vgl. Kap. 6.6.) verstärkt werden. So sollen die Kolibri-Arten *Oxypogon g. guerini, Chalcostigma heteropogon* und *Lesbia nuna gouldii* an Espeletienblüten saugen und die Finken *Carduelis sp. spinescens* sowie *Phrygilus unicolor geospizopsis* Espeletienfrüchte fressen (HERNANDEZ, mündl. Mitt.). Die häufigsten Reptilien des Monserrate-Paramos waren Exemplare von *Ophryoessoides o. tr.* Sie wurden an sonnigen Tagen regelmäßig in Bodennähe gesehen, schienen bestimmte Reviere einzuhalten und Puya als Unterschlupf zu bevorzugen. *Phenacosaurus* (Abb. 13) war dagegen viel seltener (vgl. DUNN 1944, HELLMICH 1949). Er jagte auf der Vegetation kletternd z.T. auch fliegende Insekten. *Anadia b.* wurde nur unter Steinen gefunden und war im eigentlichen Untersuchungsgebiet selten. Eine *Leimadophis*-Art (Ophidia) war in der Bergwaldregion häufig und dürfte bis in den Paramo aufsteigen (vgl. DUNN 1944 a, b). Amphibien traten tagsüber nur an regnerischen Tagen in Erscheinung. Am häufigsten waren kleine

Abb. 13. Phenacosaurus heterodermus, „Paramoechse", vergl. auch Kap. 7.3.2., Entfernung Schnauzenspitze – Ohröffnung = 1,9 cm; Gesamtlänge = 16 cm.

Eleutherodactylus-Arten, von denen sich auch zwei Exemplare in BARBER-Fallen fingen. *Bolitoglossa a.* war unter flachen Steinen etwas oberhalb des Untersuchungsgebietes häufig.

Unter den Wirbellosen fielen besonders die fliegenden Insekten auf, deren Aktivität bei Sonnenschein deutlich anstieg. Der Artenarmut der Lepidopteren – einige dunkle Satyriden- und wenige Pieriden-Arten waren häufiger und auffällig (vgl. FASSL 1914) – stand eine Vielzahl an Dipterenarten gegenüber, die sich etwa zu gleichen Teilen auf Nematocera und Brachycera verteilten. Unter letzteren befanden sich auch große, stark bedornte Tachiniden-Arten. Die Hymenopteren traten dagegen zurück. Als Blütenbesucher sah man verschiedene *Bombus*-Arten. An Ameisen kam ganz überwiegend eine einzige Art (*Camponotus nitens*) und diese bis in die Blattschöpfe der Espeletien vor. Ihre Abundanz reichte nicht entfernt an die im Tiefland für Ameisen festzustellende heran.

Ziemlich regelmäßig, aber immer nur vereinzelt, traf man den großen rot-schwarz-längsgestreiften Rüßler *Plethes alternans* GUER. und eine große bunte Elateridenart (*Semiotus* sp.). Beide wurden häufiger auf Espeletien gesehen, schienen jedoch nicht an diese gebunden. Die für offene Stellen der Bergwaldregion recht typischen flechtenfressenden, behaarten, rot-dunkelblauen Melyriden (*Astylus* sp.) waren im Paramo deutlich seltener und auf Felsen beschränkt. Bei näherem Zusehen bemerkte man zahlreiche auf die Grasbüschel konzentrierte und z.T. schwärzliche Zikaden- und einige relativ kleine Orthopteren-Arten. Ensifera und Acridioidea waren etwa gleich häufig, während die an den Hängen oberhalb Bogotás (ca. 2700-2900 m über NN.) noch häufigen Tridactyliden (*Rhipipteryx forceps* SAUSSURE, vgl. GÜNTHER 1963) überhaupt nicht gefunden wurden. Die auf *Espeletia grandiflora* spezialisierte Membracide *Penichrophorus luteus* (FUNKH) war selten und wurde durch quantitative Methoden nicht erfaßt. Von der einzigen größeren Schneckenart, *Plekocheilus succinoides* (PETIT), sah man unter *Espeletia* häufig die charakteristisch geringelten Kothäufchen, selten und vereinzelt jedoch die Tiere. Thysanura, Blattodea, Carabidae, Opiliones, Araneae, Myriapoda und Isopoda wurden meist erst dann sichtbar, wenn man den abgestorbenen Blattmantel der Espeletien systematisch untersuchte, während eine relativ reiche euedaphische Fauna unter den gefallenen und stärker vermoderten Sprossen von Espeletien konzentriert war. Die Aktivität der Wirbellosen auf der unbewachsenen Bodenoberfläche war tagsüber minimal. Beim Graben im Boden stieß man gelegentlich auf größere Käfer- und Lepidopterenlarven oder auch auf mittelgroße Lumbriciden (ca. 6-12 cm). Die riesigen schwärzlichen Regenwürmer von der Dicke und Länge eines Spazierstockes, die in der Nebelwaldregion nicht selten waren, konnten bei Bogotá nie gefunden werden. Nach einer mündl. Mitteilung von Prof. DEL LLANO, Bogotá, fand er in einem Paramo der Cordillera Central bei Cali ein Exemplar dieser Riesenform (Höhe ca. 3300 m) das als *Antheus giganteus* bestimmt wurde. Einige Insektenarten traten daneben noch mehr oder weniger periodisch oder sporadisch auf. Dies traf etwa für den Rüßler *Exorides lindigi* KIRSCH (Körperl. etwa 10-12 mm, schwarz) zu, der auf die lebenden Teile von *Espeletia gr.* spezialisiert war und oft zu mehreren, tief in die Blatthaare eingegraben die Blattränder benagte (vergl. Abb. 14). Ebenfalls auf diese Teile konzentriert war eine bis 6 mm lange Pflanzenlausart (Ortheziidae), deren gelbliche Körper großenteils von Wachsausscheidungen bedeckt waren. Mehrere hundert Exemplare pro Espeletia bildeten keine Seltenheit. Auffallend und auch im Paramo von Guasca festzustellen war ein Massenvorkommen von Lampyriden (*Lucidota* sp.) die sich fast nur auf Espeletien aufhielten, ohne daß deutliche Fraßspuren zu sehen waren. Deutlich an Espeletienblüten gebunden und auf diese konzentriert waren die Massenvorkommen einer Bibionide (*Dilophus* sp. MEIG.), die den rüsselartigen Vorderkopf fast dauernd zwischen den Blüten beließ und auch bei Störungen kaum von ihrer Flugfähigkeit Gebrauch machte, eine kleine Rüßlerart (*Phyllotrox* sp.) und eine kleine schwärzliche Staphylinidenart (neue Art und Gattung der Aleocharinae), daneben noch zahlreiche Thysanopteren.

7.3.2. Bemerkungen zur Systematik und zum Vorkommen einiger Tiergruppen

Soweit nicht anders vermerkt, beziehen sich die Angaben auf das Untersuchungsgebiet im P. de Monserrate. Abkürzungen: *E.gr.* = *Espeletia grandiflora*, g. = genus, Mons. = Monserrate, n. = nova bzw. novum, P. = Paramo, sp. = species, Vork. = Vorkommen. Für die Bearbeitung von Teilen des Materials möchte ich folgenden

Abb. 14. Von *Exorides lindigi* (Curculionidae) angefressene lebende Blätter von *Espeletia gr.*, Blattlängen bis ca. 35 cm.

Damen und Herren danken: R.T. ALLEN, Fayetteville (Carabidae), M. BEIER, Wien (Pseudoscorpiones), B. CONDÉ, Nancy (Campodeidae z.T.), J.A.L. COOKE, New York (Araneae z.T.), M. DESCAMPS, Paris (Orthoptera z.T.), G. EKIS, Washington (Coleptera z.T.), E. FRANZ, Frankfurt/M. (Cerambycidae z.T.), R.H. GONZALEZ, Rom (Japygidae, in Arbeit), C. & M. GOODNIGHT, Lafayette (Opilionidae), F.J. GROSS, Wiesbaden (Lepidoptera z.T.), A.B. GURNEY, Washington (Blattaria), J. HERNANDEZ, Bogotá (Mamalia, Reptilia, Amphibia), W.W. KEMPF O.F.M., Sao Paulo (Formicoidea), D.G. KISSINGER, South Lancaster (Curculionidae z.T.) H. LÖFFLER, Wien (Copepoda z.T.) F. MIHELCIC, St. Johann (Tardigrada), A. OLIVARES, Bogotá (Aves), R.A. RONDEROS, La Plata (Orthoptera z.T.) E.S. ROSS, San Francisco (Embioptera), O. SCHEERPELTZ, Wien (Staphylinidae, in Arbeit), S.L. TUXEN, Kopenhagen (Protura), A. VANDEL, Toulouse (Isopoda), P. VAURIE, New York (Curculionidae z.T.), E. VOSS, Georgsmarienhütte (Curculionidae z.T.), P. WYGODZINSKY, New York (Heteropteroidea z.T.), A. ZILCH, Frankfurt/M. (Gastropoda z.T.), R. ZUR STRASSEN (Thysanoptera, in Arbeit) R. GORDON, Washington (Scarabacidae z.T.).

Collembola: Es wurde zwischen Arthropleona (= A.) und Symphypleona (= S.) unterschieden. In den Espeletien und im Boden kamen fast ausschließlich A. vor. In der übrigen oberirdischen Vegetation stellten die S. gut 1/4 der Individuen. In den BARBER-Fallen betrug ihr Anteil über 1/3, in der Falle, die in einem Gramineenbüschel untergebracht war, über die Hälfte (206 S. : 187 A.).

Protura (TUXEN 1976): Als euedaphische Tiere waren sie auf den Boden oder feuchtere tote Pflanzenteile beschränkt. Im Boden waren sie in den oberen und durch Vegetation geschützten Schichten sowie in gefallenen Espeletienstrünken regelmäßig nachzuweisen. Abundanz z.T. über 200/Liter.
Delamarentulus tristani (SILVESTRI 1938), Vork.: P. El Palacio, P. de Guasca, Subparamo de Mons., Bergwald, Costa Rica, Brasilien Afrika. In der Bergwaldregion häufiger als im Paramo.
Eosentomon curupira TUXEN 1976, Vork.: P. de Cruz Verde, P. de Guasca, P. El Palacio, P. de Mons., Amazonasniederung. Häufigste Paramoart.
Eosentomon paramonis TUXEN 1976, Vork.: P. de Cruz Verde, P. de Guasca, P. de Mons.
Eosentomon sturmi TUXEN 1976, Vork.: P. de Mons., Magdalenatal. Selten.

Campodeidae: Sie dringen unter günstigen Feuchtigkeitsbedingungen weit zwischen die abgestorbenen Blätter der Espeletien vor, was vielfach durch den Bodenkontakt der untersten Blattringe begünstigt wird, und finden — wie viele hemiedaphische Tiere — gerade in der Übergangszone zwischen Boden und vermodernder Blattsubstanz günstige Bedingungen. Abundanz bis 40/Liter. Im Bergwaldgebiet oberhalb Bogotás sind zwei Arten häufig, die wahrscheinlich auch im Paramo vorkommen: *Lepidocampa juridoi* SILV. und *Campodea ortenadai* SILV.

Japygidae: Sie kamen nur im Boden oder in bodenfeuchtem Pflanzenmaterial vor. Ihre Abundanz lag deutlich unter der der Campodeiden. Die Bearbeitung ist noch nicht abgeschlossen.

Neojapyx n. sp. Nr. 1, Vork.: P. de Mons.; *N.* n. sp. Nr. 2: Bergwaldzone oberhalb Bogotás. Aus der *Parajapyx (P.) isabellae* — Gruppe 2 kleine Arten: P. de Mons.

Thysanura (STURM 1974): Es handelt sich um eine einzige Art: *Meinertellus bogotensis* STURM 1974 (Machiloidea, Meinertellidae). Lepismatoidea (*Nicoletia* sp.) konnten zwar in der Bergwaldregion nahe Bogotá (bis 2800 m) in größerer Zahl unter Steinen und zwischen Pflanzenresten gefunden werden, scheinen aber die Paramoregion zu meiden.

M.b. hat den Schwerpunkt seines Vorkommens im abgestorbenen Blattmantel von Espeletien, wurde jedoch auch vereinzelt an steinigen Stellen der Bergwaldregion oberhalb Bogotás gefunden. Diese Populationen waren jedoch nicht ganz so einheitlich wie die Espeletientiere. Ein Teil muß wahrscheinlich in eine andere Unterart eingeordnet werden. Dagegen waren die in *E. gr.* und *E. argentea* des P. de Guasca (40 km Luftlinie NE) vorkommenden Tiere — von einer im Durchschnitt deutlich stärkeren Pigmentierung abgesehen — den Monserrate-Exemplaren sehr ähnlich und sicher derselben Unterart zugehörig. Der ebenfalls in der Ostkordillere bei Alban (1800 m, 60 km Luftlinie NW) gefundene *M. cundinamarcensis* STURM 1974 weist von den 18 beschriebenen M.-Arten zweifellos die engsten Beziehungen zu *M. bogotensis* auf. Es scheint als ob *M. bogotensis* aufgrund von Praeadaptationen und ohne Differenzierungen, die über das Unterartniveau hinausgehen, in der Lage war, in den Paramo und speziell in den Merotop der abgestorbenen Espeletienblätter einzudringen. Die andere Denkmöglichkeit, daß nämlich *M.* sich zunächst in der Paramoregion ausgebreitet und die Bergwaldregion bei Bogotá vom Paramo her besiedelt hat, ist dagegen unwahrscheinlicher (vgl. Beziehungen zu *M. cundinamarcensis*, nur relativ kurzzeitige Verbindung zwischen heute isolierten Paramoregionen). In jedem Fall wären weitere systematische und biogeographische Studien an dieser Gattung sehr interessant.

Als Präadaptationen für die Besiedlung des Espeletienmerotops kommen in Frage: 1. die im Gegensatz zu anderen Machilidengattungen schwach ausgeprägte Petrophilie (Auch im Tiefland kommen *Meinertellus*-Arten weitab von Steinen in der Laubstreu vor.). 2. Die für die Gattung charakteristischen Borstenpolster an den Tarsenenden dicht bei den Krallen. Auf Espeletienblättern könnten sie ein die Fortbewegung hemmendes Einsinken der Tarsenenden in den Haarfilz der Blätter verhindern und gleichzeitig die Haftfähigkeit erhöhen. (*M. bogotensis* vermag auch an glatten senkrechten Glaswänden hochzusteigen.) 3. die Fähigkeit neben Algen und Flechten auch Pilzhyphen, Sporen und Detritus für die Ernährung zu nutzen. *M.b.* wurde innerhalb des Monserrate-Paramos in allen untersuchten Espeletien-Exemplaren der Arten *E. gr.* und *E. corymbosa*, und zwar zwischen den abgestorbenen Blättern, gefunden und ist damit eines der konstantesten Elemente der Espeletienfauna. In einer Espeletie kamen bis zu 21 Exemplare der verschiedensten Entwicklungsstadien vor. In der übrigen Vegetation wurde nie ein Exemplar gefunden. Die Espeletien können also als der eigentliche Nahrungs- und Entwicklungsraum gelten. Wahrscheinlich werden dort auch die Eier abgelegt. Darauf deuten der Fund eines Machilideneis im Käfersiebextrakt und von unbeschuppten Stadien hin. Regelmäßige und aperiodische Wanderungen einzelner halbwüchsiger und erwachsener Tiere werden durch die BARBER-Fallen-Ergebnisse belegt.

Das Fehlen von *M.b.* in den Espeletien der P. de Chisacá und El Palacio könnte mit dem dort häufigen Abbrennen der Vegetation zusammenhängen. Eine noch nicht näher bestimmte *M.*-Art wurde in Espeletien eines südkolumbianischen P.s (P. de Cumbal) gefunden.

Thysanoptera: Vork.: Vegetation und oberste Bodenschichten. Die Abundanzwerte für vegetative Pflanzenteile schwanken stark. Ihre stärkste Konzentration erreichten sie in Espeletienblüten. Zahlen von über 100 pro Blüte waren nicht ungewöhnlich. Hier handelt es sich ganz überwiegend um eine *Tachythrips*-Art, daneben waren in Espeletien noch die Gattungen *Frankliniella* und *Preeriella* vertreten.

Blattodea: Sie konzentrierten sich auf den Mantel aus abgestorbenen Oberblättern der Espeletien, wo sie relativ konstant vorkamen und neben einigen großen Araneenarten und *Epistrophus* (Curculionidae) die größten Vertreter der konstanteren Arthropoden waren. In vereinzelten *E. gr.* der Bergwaldregion (ca. 3100 m) war ihre Abundanz deutlich höher.
Anaplecta oder n. g., 2 sp., Vork.: in BARBER-FALLEN. Blaberidae n.g. nahe *Lophoblatta*, Vork.: P. El Palacio: *E. argentea*, P. de Mons.: *E. gr.* und BARBER-FALLEN; häufig. *Riatia* n. sp., Vork.: P. El Palacio: *E. argentea*, Subp. de Guasca: *E. corymbosa*, P. de Mons.: *E. gr.* und BARBER-FALLEN; häufig.

Orthoptera: (vergl. auch Kap. 7.3.1.): Bestimmt wurden nur die Caelifera.
Agesander ruficornis STAL (Ommatolampinae): P. und Subp. de Mons., vereinzelt.
Bogotacris acuticauda RONDEROS (Melanoplinae): P. Mons.: BARBER-Fallen, niedrige Vegetation, vereinzelt in Espeletien. *Bogotacris rubripes* RONDEROS, P. de Chisacá: in *E. gr.*

Heteropteroidea: In Espeletien von geringer Abundanz und Konstanz. Relativ häufig waren hier die Larven einer unbestimmten Art sowie Tingiden und Emesinen.
Emesinae: *Ghinallelia* sp. und *Emesella* sp.
In der übrigen Vegetation waren die Myridae die auffallendste Gruppe. Ihre Abundanz blieb jedoch deutlich hinter der zurück, die sie in sommerlichen Wiesengesellschaften der gemäßigten Zone erreichen.
Enicocephaliden wurden in den oberen Bodenschichten und in bodenfeuchter toter Pflanzensubstanz in deutlich größerer Konstanz gefunden als die übrigen Gruppen der H. Es handelte sich um *Enicocephalus* n. sp., cf. *Gamostolus* n. sp., *Systelloderes* sp. und um 2 Arten einer noch nicht beschriebenen Gattung.

74

„Offenbar haben alle in der Gegend vorkommenden Enicocephaliden-Gattungen Vertreter in den Paramos." (WYGODZINSKY, briefl. Mitt.)

Auchenorrhyncha: Sie sind ein beherrschendes Element in der Gramineenvegetation und treten auch relativ zahlreich in den BARBER- und Luftfallen auf. In Espeletien kommen sie selten und inkonstant vor.

Die auf die lebenden Blätter von Espeletien spezialisierten Membraciden-Arten hat RICHTER (1941, 1942, 1943) charakterisiert. Sie gehören alle zur Gattung *Penichrophorus* RICHTER 1943 und sind relativ selten:

P. brevicornis RICHTER auf *E. phaneractis* (BLAKE) A.C. SMITH, Vork.: P. Guerrero de Zipaquirá, P. de Guasca, 3000-3400 m

P. incorniger RICHTER auf *E. tunjana*, Vork.: P. de Arcubuco (Boyacá), 3200 m

P. luteus (FUNKH) auf *E. gr.*, Vork.: P. de Chocontá, P. Guerrero, P. de Mons., P. de Usaquen; 3000 m und höher

P. nigriventris RICHTER auf *E. brassicoidea* CUATR., Vork.: P. de Tamá (Santander del Norte) 3250 m

5 weitere *P.*-Arten sind nicht auf Espeletien sondern auf *Salvia-*, *Montanoa-*, *Calcea-* und *Verbesina*-Arten nachgewiesen.

Sternorrhyncha: Aphididen waren auf *E.*-Blüten und in den Fallen häufig. Auf *E.*-Blättern erreichte eine gelbliche wachsausscheidende Ortheziiden-Art hohe Abundanz und Konstanz. Bei stark befallenen Exemplaren konzentrierte sie sich auf die lebenden Blätter. Ortheziiden wurden auch als Wurzelläuse im Rohhumus des Paramowaldes häufig gefunden. HÜTHER (1966) erwähnt sie als auffällige Gruppe für Laubstreu und Bodenproben aus El Salvador. Ihre Abundanz schwankt hier auffällig in Abhängigkeit von Regen- und Trockenzeit. BECK & WINTER (1962) registrieren sie für verschiedene Böden Perus.

Embioptera: Ein Exemplar von *Oligembia* n. sp. (Teratembiidae) wurde in einer *E.* etwas außerhalb des eigentlichen Untersuchungsgebietes gefunden. „The habitats of embiidas are never very specific ... Many interesting species are found in high altitudes in South America. Most have slender bodies and exceptionally large wings." (ROSS, briefl. Mitt.)

Coleoptera: Sie wurden mit allen Methoden in größerer Zahl und großer Regelmäßigkeit gefunden und stellen darüberhinaus aufgrund der differenzierten Arten- und Familienzusammensetzung eine für die Charakterisierung der Mero- und Stratozönosen sehr geeignete Gruppe dar. Der beachtliche Larvenanteil deutet an, daß es sich zum Gutteil um autochthone Paramopopulationen handelt. Er liegt für die abgestorbenen Blätter von *E. gr.* bei 21% und damit deutlich über dem der übrigen Vegetation (13%), erreicht jedoch nicht den Larvenanteil im Boden (27%), wobei zu berücksichtigen ist, daß der Anteil der Käfer an der Bodenfauna insgesamt relativ gering ist. An den Espeletien herrschen deutlich die Curculioniden vor, z.T. Arten mit anscheinend enger Bindung an diesen Merotop. In der übrigen Vegetation und im Boden übernehmen die Staphyliniden ihre Rolle. Auf der Bodenoberfläche dominieren die Carabiden (vergl. BARBER-Fallen-Ergebnisse Tab. 19). Diese Gruppe dringt bei günstigen Feuchtigkeitsbedingungen auch in größerer Zahl in den Blattmantel der Espeletien ein. Daneben sind noch Vertreter der Scarabaeiden, Lagriiden, Elateriden, Ipiden, Ptiliiden, Lampyriden, Chrysomeliden und Cerambyciden auffällig bzw. häufig.

Cerambycidae: Aus dieser Familie ist nur eine *Leptostylus*-Art häufiger und gleichzeitig sehr charakteristisch für Espeletien. Die etwa 9 mm langen, dunkelbräunlichen Käfer kommen im Blattmantel vor, während ihre (?) Larven in toten Blattripen und zwischen den Unterblättern Gänge fressen.

Curculionidae: Barynotini (Brachyderinae) g. sp.: 3-5 mm; in mittlerer Häufigkeit in Barber-Fallen.

Epistrophus sp. (Hylobiini): 12-14 mm, schwarz mit helleren Flecken; P. de Mons., P. de Chisacá, 3200-3600 m; sehr charakteristisch für den Blattmantel von *E. gr.*

Exorides lindigi KIRSCH: 9-12 mm, schwarz, frißt an lebenden Blättern von *E. gr.* (vergl. Kap. 7.3.1.)

Phyllotrox sp. (?) (Derelomiini, Erirhininae): 2-3 mm, schwarz, massenhaft in Blüten von *E. gr.*

Plethes alternans GUER. (Hylobiina): 16 mm, Flügeldecken rot-schwarz längsgestreift (vergl. Kap. 7.3.1.)

Pseudopentarthrum n. sp. (Cossonini): 2-3 mm, schwärzlich, zeitweise häufig im Blattmantel von *E. gr.*

Rhyparonotus jekeli FST. (?) :4-6 mm, in BARBER-Fallen

Ulosomimus n. sp. (Cryptorhynchina): 3-4 mm, stachelig, bräunlich; abundant und sehr konstant im Blattmantel von *E. gr.*, bei Bergwaldespeletien z.T. durch eine andere Cryptorhynchinen-Art ersetzt.

Staphylinidae: Im Paramo und im angrenzenden Bergwald wurden 27 Arten gefunden. Davon waren 25 neu. Sie verteilten sich auf 16 Gattungen, darunter 3 neue. Die Ergebnisse der systematischen Bearbeitung konnten noch nicht veröffentlicht werden.

Aleocharinae 3 n.g. mit 4 n. sp.: eine Art massenhaft in den Blüten von *E. gr.* und in Luftfallen.

Atheta G.G. THOMSON (Aleocharinae) 7 n. sp.: alle in Luftfallen

Conosoma KRAATZ (Tachyporinae) n. sp.: in und auf Gramineen

Echiaster ERICHSON (Paederinae) n. sp.: Boden

Gnathymenus SOLIER (Paederinae) 2 n. sp.: P. El Palacio in *E. argentea*, P. de Mons: Gramineen. Laubstreu des Paramowaldes

Homalota MANNERHEIM (Aleocharinea) 2 n. sp.: Luftfallen

Oxypoda MANNERHEIM (Aleocharinae) n. sp.: Luftfallen

Palaminus ERICHSON (Paederinae) n. sp.: Streifnetzfang in niedriger Vegetation

Philontus succinctus GUERIN (Staphylininae): P. de Cruz Verde

Philontus 2 n. sp.: Luftfallen, P. El Palacio: *E. argentea*

Phyllodrepa G.G. THOMSON (Omaliinae) n. sp.: Luftfallen

Quedius STEPHENS n. sp. (Staphyliniae): Luftfallen

Tachyporus GRAVENHORST (Tachyporinae) n. sp.: Bergwald bei Bogotá, Laubstreu; P.: Luftfallen + Streifnetzfang

Troglophloeus MANNERHEIM (Omaliinae) n. sp.: Luftfallen

Carabidae: *Callida* (Lebiini) sp.:.ca. 6 mm; im Blattmantel von *E. gr.*

Colpodes (Agonini) spec.: 10-12 mm, schwarz; häufigste Carabidenart im Blattmantel von *E. gr.*, relativ inkonstant. Harpalini g. sp.: 5 mm; BARBER-Fallen, P.-Wald: Moos

Lebia (Lebiini) sp. ca. 6 mm, bräunlich; BARBER-Fallen, P.-Wald: Moos

Tachys (Bembidiini) sp.: ca. 3 mm; häufigste Art in BARBER-Fallen

Formicoidea Es handelte sich fast ausschließlich um die Art *Camponotus (Tanaemyrmex) nitens* MAYR. Sie ist aus Kolumbien beschrieben und nur für Bogotá und Umgebung erwähnt (KEMPF, briefl. Mitt.). In geringer bis mittlerer Häufigkeit aber relativ hoher Präsenz für alle Kleinlebensräume nachgewiesen. Nester konnten im engeren Untersuchungsgebiet nie gefunden werden.

Lepidoptera: Einige im P. und Subp. (3100-3200 m) des Mons. und P. de Guasca gefangene Arten wurden wie folgt bestimmt (vergl. auch FASSL 1914):

Ageronia feronia (L.): Guasca, *Catasticta semiramis* LUC.: Guasca, *Pedaliodes (Tena) nebris* THIEME, *Pedaliodes (Polusca) polusca* HEW. spp. *polla* THIEME, *Pedaliodes (Pammenes) paeconides* HEW ssp. *costipunctata* WEYMER.

Zwischen abgestorbenen Espeletienblättern fanden sich vereinzelt Eulen und Spinner, häufiger eine Kleinschmetterlingsart und regelmäßig Kleinschmetterlingsraupen.

Diptera: Larven waren in den oberen Bodenschichten häufig und konstant vertreten. Sie stellten hier die Mehrzahl der Holometabolenlarven (vergl. Tab. 10).

Unter den Imagines waren — neben den in Kap. 7.3.1. erwähnten Gruppen flügellose physogastrische Phoriden auffällig, die in größerer Zahl in die BARBER-Fallen eingingen.

Myriapoda: Bei den Diplopoden handelte es sich um Arten bis zu mittlerer Größe, die ein sehr konstantes Element in feuchten und stärker humosen Schichten bildeten aber an keiner Stelle des Paramos die Abundanz und Biomasse wie in den Laubstreu-- und Humusschichten der Bergwaldregion erreichten. Für den Blattmantel der Espeletien waren die Polyxeniden charakteristisch. Hier schwankte die Abundanz aller Diplopodengruppen jedoch stark, z.T. wohl in Abhängigkeit von der Feuchtigkeit.

An ähnlichen Lokalitäten, jedoch in deutlich geringerer Abundanz, kamen auch Lithobiiden, Geophiliden, Symphylen und Pauropoden vor. Letztere wurden mangels geeigneter Auslesemethoden wahrscheinlich nicht entsprechend erfaßt.

Isopoda (VANDEL 1972): Sie waren im Páramo de Mons. deutlich seltener als in der angrenzenden Bergwaldregion und fanden sich mit mittlerer Konstanz sogar in relativ trockenen Blattmantel von *E. gr.* Im feuchteren und höher gelegenen P. de Chisacá traten sie stärker hervor. Alle angeführten Arten mußten neu beschrieben werden, ebenso die 2 erstgenannten Gattungen:
Colomboniscus regressus VANDEL, Vork.: Bergwald: P. de Chisacá: *E. gr.*
Erophiloscia longistyla VANDEL, Vork.: Tieflandwald bis Bergwald, P. El Palacio: *E. argentea*, Subpáramo de Guasca: *E. corymbosa*, P. de Mons.: *E. gr.*, *Oreobolus*, BARBER-FALLEN.
Proischioscia sturmi VANDEL, Vork: s. *Erophiloscia*

Copepoda: Es handelt sich ausschließlich um Harpacticiden. Sie sind in den oberen Bodenschichten, in bodennahen Rosetten und in den unteren Teilen von Grasbüscheln häufig.
Nach der Direktmethode ergaben sich für Bodenproben Abundanzen bis zu 3000 pro Liter. Die Präsenz lag allerdings nur bei 50%. Nicht selten wurden sie auch in BARBER-Fallen eingeschwemmt. Es handelt sich u.a. um *Epactophanes richardi*, eine kosmopolitische Art und um *Elaphoidella* sp.. Daneben kamen in einer BARBER-Fallen-Serie noch bemerkenswerte parasitische Formen vor.

Pseudoscorpiones: Sie treten im Vergleich zur Bergwaldfauna zurück, sind im Blattmantel der Espeletien noch am konstantesten zu finden aber auch in Gramineen und im Boden nachweisbar.
Adolpium vastum BEIER, Bergwald: Laubstreu, P.: *E. gr.* und BARBER-Fallen.
Paracherners albomaculatus (BALZAN), Paramowald: Laubstreu, P. de Chisacá: *E. gr.*, P. de Mons.: *E. gr.* und BARBER-Fallen; häufigste Art.
Parawithius n. sp., P. de Mons.: *E. corymbosa.*
Tyrannochthonius 2 n. sp., Vork. Nr. 1: P. El Palacio: *E. argentea* Vork. Nr. 2: Bergwald: Laubstreu, P. de Mons.: *E. gr.*, relativ häufig

Opiliones: Es handelt sich ausschließlich um Laniatores. Im Gegensatz zu vielen Bergwaldarten erreichen die Paramotiere nur Körperlängen zwischen 3 und 10 mm. Für die abgestorbenen Teile der Espeletien bleibt ihre Präsenz unter 50%. Etwas häufiger waren sie in der übrigen Vegetation, relativ zahlreich in den BARBER-Fallen.
Libitia cordata (GERVAIS) (?) (Cosmetidae), Subp. de Guasca: *E. corymbosa*, P. de Mons.: *E. gr.*
Neorhaucus aurolineatus CAMBRIDGE (Cosmetidae), BARBER-FALLEN
Phalangiinae g. sp., P. de Mons.: *E. gr.*
Phalangodinae g. sp., P. de Mons: *E. gr.*; häufigste Art

Araneae: Eine der artenreichsten, häufigsten und konstantesten Gruppen im Untersuchungsgebiet und speziell im Blattmantel von *E. gr.*, wo über 15 Arten nachgewiesen werden konnten.

Anyphaenidae 3 sp., bis etwa 13 mm, eine Art die häufigste und konstanteste in *E. gr.*, eine andere Art war in BARBER-Fallen häufig.

Dipluridae 2 sp., BARBER-Fallen

Hahniidae g. sp., 1-2 mm; in *E. gr.* relativ konstant und häufig

Linyphyidae g. sp., häufig und konstant in BARBER-Fallen

Lycosidae g. sp., z.T. über 13 mm; BARBER-Fallen

Nops (Caponiidae) 2 sp., Nr. 1: in *E. gr.* Nr. 2: in BARBER-Fallen

Oonopidae g. sp., *E. gr.*

Othiothops sp. (Palpimanidae), BARBER-Fallen

Priscula sp. (Pholcidae), *E. gr.*

Acari: Die häufigste und artenreichste Arthropodengruppe. Unterschieden wurde nur zwischen Oribatiodea und Nichtoribatoidea. Das Zahlenverhältnis beider Gruppen ist für die verschiedenen Kleinbiotope relativ charakteristisch. Insgesamt gesehen überwiegen die Oribatoidea am deutlichsten auf den Oberblättern von *E. gr.*, wo sie schon die lebenden Blätter besiedeln und auch hohe Abundanzwerte erreichen. Im Boden wird ihr Anteil geringer, bleibt jedoch immer noch auf über 50%, um in den Gramineenbüscheln und viel stärker noch in den BARBER-Fallen sowie zwischen den Unterblättern und in den Blüten der Espeletien auf unter 50% abzusinken.

Tardigrada: Sie traten in etwa der Hälfte der daraufhin ausgelesenen Bodenproben auf und erreichten Abundanzen bis zu 200/Liter. Anscheinend bevorzugen sie die Nähe von Gramineen und *Oreobolus*. Alle aufgeführten Arten kommen auch in Europa vor.

Hypsibius (Diphascon) scoticus MURRAY, häufigste Art

Macrobiotus harmsworthi (MURRAY), P. de Cruz Verde, P. de Chisacá, P. de Mons.

Milnesium tardigradum DOYERSE, P. de Mons.

Gastropoda: Sie waren insgesamt nur spärlich vertreten. Neben der großen und im eigentlichen Untersuchungsgebiet nicht nachgewiesenen *Plekocheilus succinoides* (PETIT) kamen kleine, vitrinaähnliche Arten vor. Ihre Abundanz war schwer abzuschätzen.

Nematodes: Sie waren in entsprechend ausgelesenen Bodenproben immer nachzuweisen und erreichten in den oberen Schichten Abundanzwerte bis zu 35.000 pro Liter. Die größten Vertreter maßen bis zu 5 mm.

Oligochaeta: Enchytraeiden kamen regelmäßig in Proben der obersten durch Vegetation geschützten Bodenschichten vor und erreichten Abundanzen bis zu 2500

pro Liter. Auch in die BARBER-Fallen wurden sie häufig eingeschwemmt. Länge um 10 mm. Zu Lumbriciden vergl. Kap. 7.3.1.

Hirudinea: Um 5 cm lange, rötliche Exemplare wurden in der Bergwaldregion und im P. de Cruz Verde gelegentlich unter Steinen gefunden. Nach RINGUELET (1974) handelt es sich um eine einzige Art:
Blanchardiella fuhrmanni WEBER (Cylicobdellidae).

Amphibia und Reptilia (vergl. auch Kap. 7.3.1.): Gefunden wurden folgende Arten bzw. Gattungen:

Amphibia: *Bolitoglossa adspersa* (PETERS), weit verbreitet und unter Steinen häufig;
Eleutherodactylus sp.: nach HERNANDEZ (unveröff.) kommen bei Bogotá die Arten *E. buergeri* (WERNER), *E. elegans* (PETERS) und *E. bogotensis* (PETERS) vor, im P. de Mons. anscheinend nur die letztere. Die Taxonomie der Gattung erscheint revisionsbedürftig.
Reptilia: *Anadia bogotensis*, P. de Chisacá, P. de Mons.
Ophryoessoides (= *Leiocephalus* auct. pro parte) *ornatus trachycephalus* (DUMERIL): im P. de Mons. häufig;
Phenacosaurus heterodermus (DUMÈRIL): P. de Mons.;
Proctoporus striatus: P. de Chisacá

Tab. 14 gibt eine Übersicht über den Mageninhalt von insgesamt 20 Exemplaren der häufigeren Arten. Die 3 Reptilienarten scheinen stärker auf Insekten spezialisiert, hier jedoch nicht wählerisch, weder in Bezug auf Größe noch auf systematische Gruppen. Die Nahrung scheint wesentlich durch den Aufenthaltsort mitbestimmt. So konnten bei *Ophryoessoides* zwei Exemplare der über 1 cm großen Rüßlerart *Plethes a.* nachgewiesen werden, die auch in Bodennähe nicht selten ist. Die bei *Anadia* gefundene Schabenart kam unter derselben Steingruppe vor. Die 5 kleinen Rüßler, die bei einem auf Espeletienblüten gefangenen *Phenacosaurus* nachgewiesen wurden, gehören zu der dort in Massen vorkommenden Gattung *Pseudopentarthrum*. Möglicherweise hat sich *Ph.* aufgrund der weit vorschnellbaren Zunge und der Sinnesausstattung stärker auf Dipteren spezialisiert. Dafür sprechen neben dem Mageninhalt des einen Exemplars die Beobachtungen von DUNN (1944) und OSORNO-MESA (1946). Die beiden Amphibiengattungen scheinen sich deutlich vielseitiger zu ernähren. Auffallend ist, daß sie sogar symphypleone Collembolen und Oribatiden von etwa 0,5-2 mm Größe aufnehmen. Da dies immerhin 3 bzw. 8 mal bei verschiedenen Tieren registriert wurde, dürfte es nicht durch zufälliges Mitaufnehmen zu erklären sein. Auch je ein Exemplar der deutlich selteneren und etwa gleichgroßen Vertreter der Psocoptera und Thysanoptera im Mageninhalt spricht für ein gezieltes Aufnehmen dieser Kleinformen, besonders wohl durch jüngere Exemplare. Der Speisezettel der Amphibia wird zudem wohl noch durch Araneae, Isopoda und Diplopoda erwei-

80

	REPTILIEN			AMPHIBIEN	
	Anadia bogot.	Ophrye. orn. tra.	Phenac. hetero.	Bolitog. adsp.	Eleuthe rod. sp.
Zahl der Exemplare	2	3 (+2 Ex)	2	8	5
Länge in cm	13,5 / 14	18 - 23,5	ca. 16	6,5 - 8,5	0,5 - 2,3
Collembola					4
Blattoidea	1			2	1
Saltatoria		1			1
Psocoptera					1
Hemipt. Heteropteroid.					1
Hemipt. Auchenorrhyn.			3	1	3
Hemipt. Sternorrhynch.					1
Coleopt. Curculionidae		8	7	4	2
Coleopt. Coleop. sonst.		2	4	3	2
Coleopt. „ Larven					2
Formicoidea				17	
Lepidopt. Larven			1		
Lepidopt. Imagines		1	1	1	3
Diptera Larven				2	2
Diptera Imagines			>3		
Araneae				1	3
Acari				12	4
Diplopoda				2	
Isopoda				4	
Arthrop. sonstige				1	4
Oligochaeta					1
Pflanzenreste				5 Sp.	4 Fr.

Tab. 14. Ergebnisse von Mageninhaltsuntersuchungen bei Reptilien und Amphibien aus dem Páramo de Monserrate; je 1 Exemplar von *Eleutherodactylus* stammte aus den Paramos von Chisacá und Guasca. Fangzeitraum: 31.5.-20.9.68. Ex = Exkremente, Fr. = Früchte, Sp. = Spelzen. Länge = Kopf-Schwanzlänge bzw. Kopf- Steißlänge.

tert, Gruppen, die bei den Reptilien nicht zu finden waren. Auch die Aufnahme von Früchten und geschlossenen Gramineenspelzen hat wohl nicht nur eine Funktion für die Mechanik der Verdauung und dürfte für die Reptilien kaum in Frage kommen.

Aves (vergl. auch Kap. 7.3.1.): Liste der im Páramo und im Subpáramo de Monserrate häufigeren Vogelarten, erstellt aufgrund von Angaben von Prof. J. HERNANDEZ (Bogotá), von Fängen im Subpáramo und Páramo de Mons. (Zahl und Geschlecht der gef. Exemplare jeweils angegeben), von Angaben des Anwohners B. VELANDIA (mit + gekennzeichnet) und von eigenen Beobachtungen (mit ++ gekennzeichnet). ● = typischere Paramoarten, • = weniger typische Paramoarten, ○ = Arten des offenen Geländes, auch der Sabana; kolumbian. Bez. in Anführungszeichen; nähere Angaben bei OLIVARES (1969):

Accipitridae:		*Buteo fuscescens australis*	
Anatidae:	●	*Anas flavirostris* cl. *andium altipetens*	
		Anas georgica niceforoi	
		Oxyura jamaicensis andina	
Ardeidae:	++	*Butorides spec.* (Rupfung von Jungtier)	
Coerebidae:		*Conirostrum rufum*	3 ♂, 2 ♀
		Conirostrum s. sitticolor	1 ♂
		Diglossa carbonaria humeralis	1 ♂, 2 ♀
		Diglossa c. cyanea	1 ♀
		Diglossa l. lafresnayi	3 ♂, 3 ♀
Columbidae:	+	*Turdus fuscater gigas* 'mirla'	
Cuculidae:	++	*Coccyzus melacoryphus* (Rupfung)	
Dendrocolaptidae:		*Lepidocolaptes l. lacrymiger*	
		Xiphocolaptes p. promeropirhynchus	
Formicariidae:	●	*Grallaria guitensis alticola*	
Fringillidae:		*Atlapetes sch. schistaceus*	3 ♂, 1 ♀
		Catamenia h. homochroa	
		Catamenia inornata minor	
		Haplospiza r. rustica	
	●	*Phrygilus unicolor geospizopsis*	
		Sicalis citrina browni	
		Sicalis luteola bogotensis	
		Spinus sp. spinescens	
		Zonotrichia capensis costaricensis	
Funariidae:		*Asthenes f. flammulata*	
		Cinclodes fuscus oreobates	
Gallinacea:	+	*Penelope montagnii m.* 'pava'	
Gypidae:	++	*Coragyps atratus* 'chulo'	
Hirudinidae:		*Notiochelidon m. murina*	
Icteridae:	○ +	*Sturnella magna meridionalis* 'chillaco'	
Parulidae:		*Basileuterus nigrocristatus*	1 ♀
Picidae:		*Piculus r. rivolii*	
		Veniliornis f. fumigatus	1 ♀
Rhinocryptidae:		*Scytalopus latebricola meridianus*	1 ?
Scolopacidae:		*Gallinago nobilis*	
	●	*Gallinago stricklandii jamesoni*	
Thraupidae:		*Buthraupis e. eximia*	1 ♂
		Anisognathus igniventris lunulatus	2 ♂
		Dubusia t. taeniata	
		Hemispingus s. superciliaris	1 ♂, 1 ♀
		Hemispingus verticalis	1 ♂, 1 ♀, 1 ?
Trochilidae:	●	*Chalcostigma heteropogon*	1 ♀
		Coeligena helianthea	
		Ensifera e. ensifera	
		Eriocnemis v. vestitus	
		Lesbia nuna gouldii	
	●	*Oxypogon g. guerinii*	1 ♂
		Pterophanes c. cyanopterus	
		Ramphomicron m. microrhynchum	
Troglodytidae:		*Cinnycerthia u. unirufa*	1 ♀
	○	*Cistothorus apollinari*	
	●	*Cistothorus platensis tamae*	
		Troglodytes aedon columbae	2 ♂
Tyrannidae:		*Contopus f. fumigatus*	
		Knipolegus p. poecilurus	
		Mecocerculus leucophrys setophagoides	2 ♀
		Nyiotheretes st. striaticollis	
		Ochthoeca f. fumicolor	1 ♂, 2 ♀
		Sayornis n. nigricans	

| FAMILIE Art | Sammlungs-Nr. Fang-datum | Reste von | | Sonst. Insecta | Samen | Früchte u.a. weiche Teile |
		Cole-optera	Diptera Hymenopt.			
COEREBIDAE Conir. rufum	P.B. 3667 19.7.68	4			+?	+
Conir.s.sittic.	P.B. 3666 19.7.68			(+)		+
Diglossa c. cya.	P.B. 3664 19.7.68	1	+			(+)
Diglossa l. lafr.	P.B. 3665 19.7.68		+			
Diglossa l. lafr.	P.B. 3648 12.7.68	9			+	
PARULIDAE Basileuterus n.	P.B. 3663 19.7.68	1		+	+?	+
Basileuterus n.	P.B. 3646 12.7.68	4				(+)
PICIDAE Veniliornis f.f.	P.B. 3670 19.7.68			35^1		
THRAUPIDAE Anisogn. igniv.l.	P.B. 3651 12.7.68				+	+
Hemispingus s.s.	P.B. 3658 19.7.68	2		+		+
Hemispingus s.s.	P.B. 3659 19.7.68	5	1			(+)
TROCHILIDAE Chalcostigma het.	P.B. 3657 19.7.68			+		+
Eriocemis v.v.	P.B. 3655 19.7.68		+			+
Eriocnemis v.v.	P.B. 3645 12.7.68		+?		+?	+
Oxypogon g. guer.	P.B. 3644 12.7.68		+			+
TROGLODYTIDAE Troglodytes ae. c.	P.B. 3647 12.7.68		(+)	8^2		
Troglodytes ae. c.	P.B. 3643 5.7.68	7				
TYRANNIDAE Ochthoeca f. fum.	P.B. 3669 19.7.68	1	+	Sonst. Arthrop.		
Unbestimmt	P.B. 3650 12.7.68	8^3		6^4		

Tab. 15. Ergebnisse von Mageninhaltsuntersuchungen an Vögeln aus dem Paramo und Sub-paramo des Monserrate (3100 – 3250 m). + = deutlich vorhanden, (+) = spärlich vorhanden, +? = Bestimmung nicht gesichert, [1] = 34 Lepidopterenraupen um 2 cm lang, 1 Forficulide, Reste von anderen Insekten; [2] = 7 Ortheziiden und 1 Acridiide; [3] = darunter 4 Curculioniden [4] = 2 Forficuliden, 3 Araneae, 1 Diplopode. Vollständige Artnamen s. Liste.

Die aufgrund von Mageninhaltsuntersuchungen erstellte Tab. 15 weist eine auffallend hohe Zahl von Gemischtköstlern auf gegenüber den Tieren, bei denen nur Arthropoden oder nur Früchte und Samen gefunden wurden. Unter den Insekten wurden vorzugsweise Dipteren, Hymenopteren und Käfer gefressen. Von den übrigen Insektengruppen waren Sternorrhyncha (7 Exemplare) Forficuliden (3 Ex.), Heuschrecken (1 Ex.) und Lepidopterenraupen (34 Ex.) mit Sicherheit nachzuweisen. Spinnen (3 Ex.) und Diplopoden (1 Ex.) wurden nur bei einem unbestimmten Exemplar nachgewiesen. Ob die Ergebnisse von 3650, 3647 und 3670 auf eine stärkere Spezialisation auf bestimmte Tiergruppen oder Kleinbiotope hindeuten, müßte nachgeprüft werden. Vorerst erscheint es so, als ob die Vögel deutlich stärker auf Insekten spezialisiert seien als etwa die Amphibien und als ob die Tierreserven der häufigsten Merotope (z.B. Blattmantelfauna der Espeletien, Grasbüschelfauna) mangels entsprechender Spezialisierung nur oberflächlich durch Vögel genutzt würden.

Mammalia: Die einzige für die Paramoregion bei Bogotá relativ typische Art ist nach J. HERNANDEZ (mündl. Mitt.) *Oryzomys dryas* (Rodentia). Im folgenden sind nur die Arten erwähnt, die entweder selbst gefangen oder von Anwohnern des P. de Mons. genannt wurden. Sie sind, wie eine Reihe weiterer im Paramo vorkommender Säugearten, überwiegend Bewohner der Bergwaldregion und des Subparamo.

Cryptotis thomasi thomasi (Insectivora): 2 Exemplare in Fallen gefangen.
Didelphis albiventris meridensis (Marsulialia); „runcho", „fara". *Lasiurus cinereus villosissimus* (Chiroptera): Subp. de Mons., am Blattschopf einer *E. gr. hängend.*
Mazama rufina brizenni = Odocoileus virginianus goudoti (Artiodactyla); „soche".
Nasuella olivacea olivacea (Procyonidae); „guache"
Sylvilagus brasiliensis apollinaris (Rodentia), „conejo de monte", „chucuto"

7.4. Räumliche Verteilung der Wohndichten der Mesofauna in Páramo de Monserrate (Abb. 15)

Die Wohndichten zeigen ein scharfes Maximum in den oberen Bodenschichten, bedingt durch den hohen Anteil der Nematoden und Enchytraeen (vergl. Tab. 10 und Kap. 5.4.).

Die Arthropodendichte ist hier zwar ebenfalls relativ hoch, wird jedoch von der in den Basen der Gramineen und stärker noch von der in Espeletienblüten übertroffen. Nach der Tiefe zu geht die Abundanz der beiden Wurmgruppen sehr stark zurück, während Arthropoden auch in 15-40 cm Tiefe noch in geringer Zahl nachweisbar sind, ja sogar in der Nähe des aus Sandsteinfelsen bestehenden C-Horizontes (ca. 40 cm tief) eine leichte Steigerung der Abundanz erkennen lassen. Da diese letzte Aussage aus einer einzigen Probenserie abgeleitet wurde, bedarf sie der Nachprüfung. Andererseits wurde eine ähnliche Steigerung der Individuen-

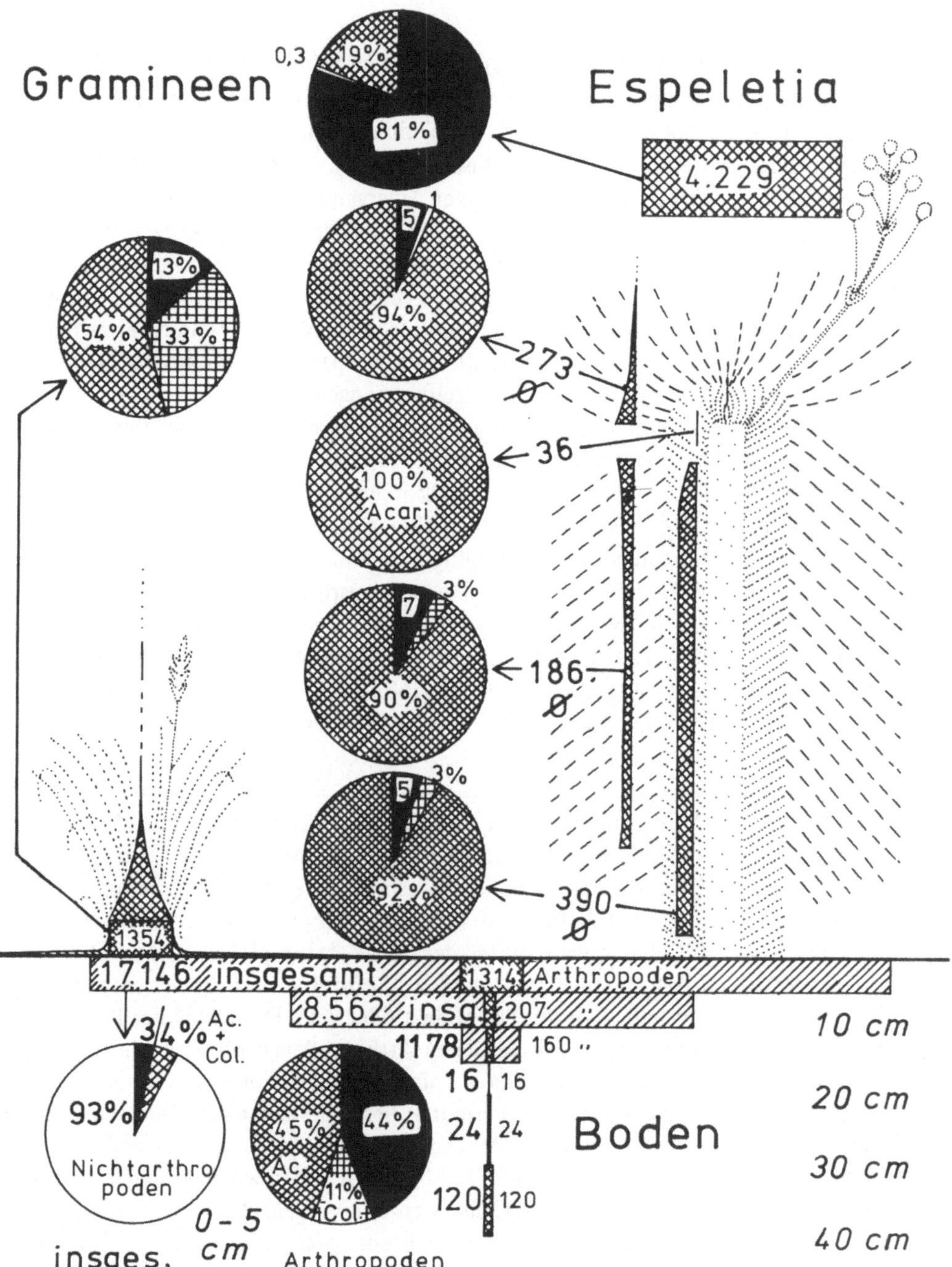

Abb. 15. Verteilung der Abundanzen der Meso- und Makrofauna im Páramo de Monserrate. Horizontalerstreckung der schraffierten Balken ≙ Wohndichte in Individuen pro Liter, Vertikalerstreckung = Höhenbereich des Vorkommens; nicht rechteckig umgrenzte Balkenfelder = durch Schätzungen abgewandelte Durchschnittswerte. Zahlenwerte aus Tab. 16 + 17 und aus zusätzlichen Untersuchungen. Kreissektoren schräg schraffiert = Acari, schraffiert = Collembola, schwarz = übrige Arthropoda. ϕ = Durchschnittswert.

dichte auch in der Nähe von Bodengrenzschichten des Paramowaldes I und eines tropischen Regenwaldes (STURM, ABOUCHAAR *et al.* 1970) festgestellt.

Nach dem Luftraum zu nehmen die Wohndichten noch stärker ab als mit zunehmender Bodentiefe. Nur die Büschelvegetation — insbesondere der Gramineen und Cyperaceen schafft hier einen Übergang, wie der Wert für die Gramineenbasen in 0-5 cm Höhe zeigt (Abb. 15). Leider wurde diese Schicht nicht weiter differenziert. Eine stärkere Besiedlung der unteren Teilschichten vor allem durch euedaphische Gruppen und Arten — einschließlich der Nematoden und Enchytraeen — ist wahrscheinlich. Die starke Abnahme der Wohndichte, verbunden mit einer Zunahme der durchschnittlichen Körpergröße, konnte für die oberen Teile der Gramineenbüschel durch Streifnetzfänge belegt werden.

Deutlich andere Verhältnisse herrschen bei den größeren Espeletien, deren Blattmantel keinen Bodenkontakt mehr hat. Entsprechend fehlt hier eine Übergangszone, zumindest im Bereich der abgestorbenen Oberblätter. Für eine Übergangszone innerhalb der Blattbasen fehlen Hinweise. Im abgestorbenen Blattmantel schwankt die Wohndichte nur geringfügig in Abhängigkeit von der Höhe. Am deutlichsten ist ein Maximum dicht beim Scheidungsring (vergl. Tab. 18).

Eine ähnliche gleichmäßige Verteilung dürfte für die mittleren Teile des Mantels aus Blattbasen gelten. Hier läßt sich jedoch eine deutlich geringere Besiedlung der lebenden Blattbasen belegen, was die in Abb. 15 angedeutete Übergangszone wahrscheinlich macht. Die Dichteverteilung auf den lebenden Blättern und Blütenständen wird in Kap. 7.5. diskutiert.

Auf die Existenz verschiedener Strato- und Merozönosen weist schon die grobe Aufschlüsselung in Collembola, Acari und restliche Arthropoden hin. Auch auf dieser Differenzierungsstufe sind Übereinstimmungen zwischen der Arthropodenfauna der oberen Bodenschichten und der Grasbüschel festzustellen: die Acari, die einen hohen Anteil von Oribatiden aufweisen, stellen etwa die Hälfte der Individuen während die Collembola — unter denen die Arthropleona vorherrschen — und die restlichen Arthropoden nicht unter 10% absinken. Die Espeletienfauna ist dagegen durch einen hohen Anteil der Milben oder — im Extremfall der Blüten — durch das starke Überwiegen der restlichen Arthropodengruppen charakterisiert.

Eine Verwandtschaft von Blattbasen- und Oberblattfauna, wie sie sich aufgrund der ähnlichen Sektorenbilder vermuten ließe, besteht nicht. Dies zeigt sich schon an der Zusammensetzung der Milben. Innerhalb der Blattbasen sind es sehr kleine Arten und zum überwiegenden Teil Nichtoribatiden während in der Acarofauna der Oberblätter relativ große Oribatiden überwiegen. Auch bei den übrigen Gruppen der Blattbasenfauna handelt es sich entweder um sehr kleine Formen oder um minierende Arten (Larven von Curculioniden bzw. Ipiden oder Cerambyciden). Als Gründe für diese Verschiedenheiten kommen wohl in erster Linie die größeren Lückenräume, die größere Trockenheit und das andersartige Nahrungsangebot im Oberblattmantel in Frage. Die Fauna der lebenden Blattbasen wurde nur anhand *einer* Probe ermittelt, so daß das ausschließliche Milbenvorkommen überprüft werden muß. Bemerkenswert ist die von der Höhe relativ unabhängige Wohndichte der Mesofauna im Blattmantel, die sogar in der Nähe des

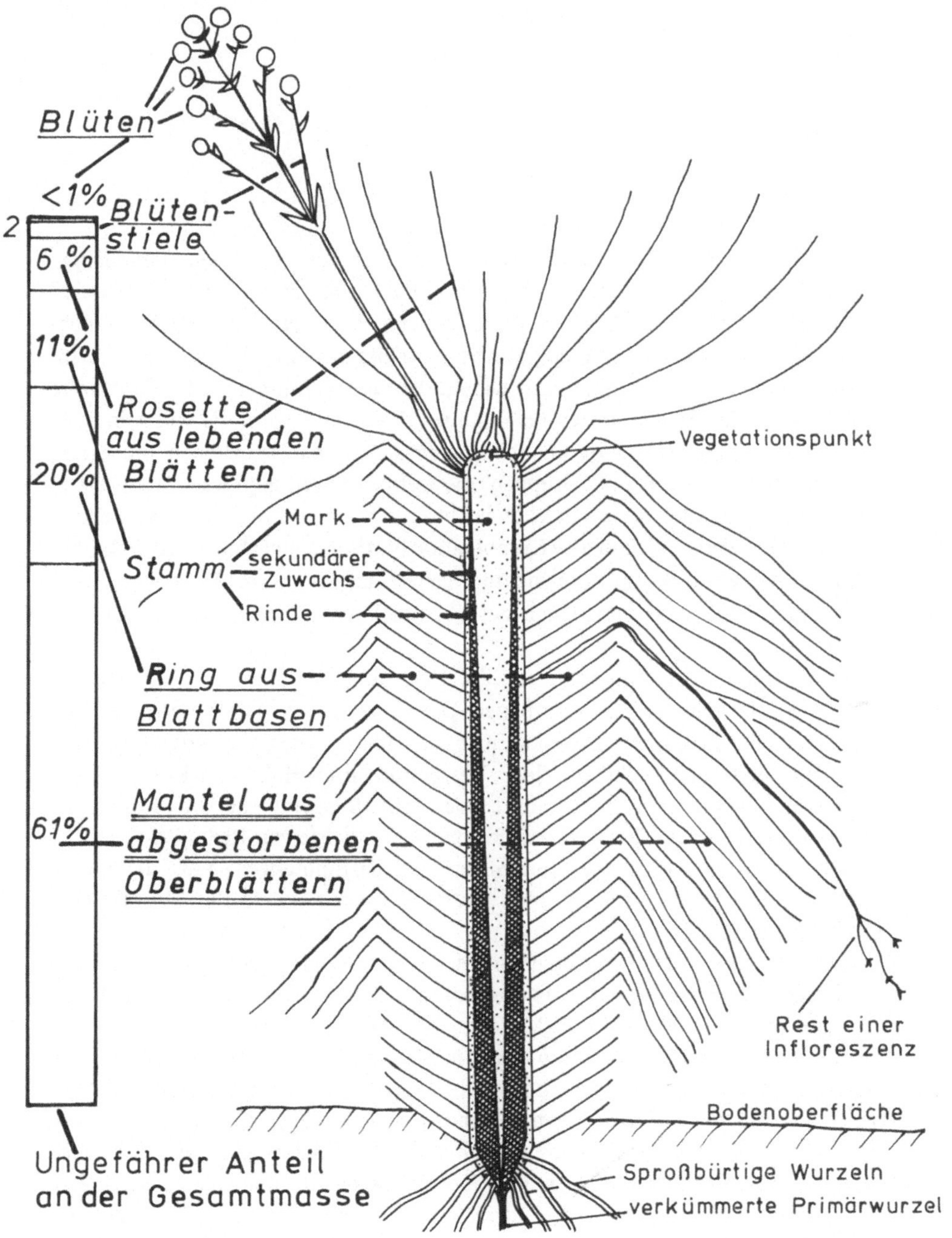

Abb. 16. Halbschematischer Längsschnitt durch eine *Espeletia*. Untersuchte Merotope durch Unterstreichen gekennzeichnet und durch ihren Anteil an der Trockenmasse der oberirdischen Teile (insgesamt ca. 3,2 kg) charakterisiert. Z.T. in Anlehnung an WEBER 1956.

Scheidungsringes ein leichtes Maximun erkennen läßt. Dies weicht von der normalen Verteilung in den bodennahen Schichten (Abnahme der Abundanzen mit steigender Entfernung von der Bodenoberfläche) ab.

7.5. Die Arthropodenfauna von Espeletia grandiflota H. et B. und anderer Espeletienarten

Untersucht wurden in der Regel Espeletienexemplare von 70-120 cm Stammlänge. Die Unterteilung eines Exemplars in die wichtigsten Merotope für die Mikro- und Mesofauna ergibt sich aus Abb. 16. Am eingehendsten erfaßt wurde die Wohndichte der Fauna zwischen den abgestorbenen Oberblättern (= Blattmantel) von *Espeletiia grandiflora*. Gründe dafür waren: die für oberirdische Teile relativ hohe Gesamtdichte der Fauna, das große Volumen dieses Merotops, die von Jahreszeiten und Einzelpflanzen relativ unabhängige Präsenz vieler Tiergruppen und Arten, der Reichtum an Arten und Gruppen, die weite Verbreitung dieses Merotops in der Paramoregion, der die vergleichende Untersuchung begünstigt, und schließlich die durch eine ziemlich einmalige Kombination biotischer und abiotischer Faktoren bedingte und seither kaum untersuchte Eigenart des Merotops. Wie stark die entsprechende Merozönose von denen der übrigen Vegetation abweicht, ergibt sich aus Tab. 16.

Als Beispiel sei die Untersuchung der Verteilung der Mesofauna auf die verschiedenen Bereiche des abgestorbenen Oberblattmantels herausgegriffen (Tab. 17). Sie ergibt insgesamt, daß innerhalb des Blattmantels die Wohndichte der Mesofauna und auch vieler einzelner Tiergruppen nach Höhe und Konkav- bzw. Konvexseite nicht erheblich schwankt. Eine leichte Steigerung der Abundanzen im obersten und untersten Ring wird durch die Gesamtwerte von Reihe 1-4 (Tab. 17) wahrscheinlich gemacht. Sie kommt in den Bestimmungen 5.-8. nicht zum Ausdruck, da hier die obersten und untersten Partien jeweils mit den mittleren kombiniert waren.

Keine deutlichen Hinweise ergeben sich für eine Abhängigkeit der Abundanzen von Konkav- und Konvexseiten durchgebogener Exemplare (Tab. 17, Reihe 5.-8.). Dagegen scheint eine Abhängigkeit der Abundanz einiger Gruppen von der Feuchtigkeit des Substrats zumindest angedeutet. So scheinen die Collembola, Diplura, Diplopoda und Isopoda im Durchschnitt höhere Feuchtigkeiten zu bevorzugen. Die Werte der Ortheziiden (Sternorrhyncha) zeigen die auch in anderen Proben zu beobachtende Tendenz einer Zunahme in Richtung des lebenden Blattschopfes. Weitere Proben müßten die Merotopausschnitte noch weiter unterteilen, den Wassergehalt am gesamten Blattmaterial bestimmen und weitere Faktoren (z.B. Größe der Lückenräume, Sekundärbewuchs, Erhaltungszustand der Blätter, Mikroklimadaten) einbeziehen.

Ergänzende Untersuchungen des Oberblattmantels sollten die räumliche und zeitliche Konstanz der Blattmantelfauna im Monserrate-Paramo, ihre Abhängigkeit von der Höhenlage innerhalb dieses Paramos, die Abhängigkeit von der Espeletien-Art, von verschiedenen Paramos und vom Bodenkontakt klären. Die Ergebnisse können hier nur kurz wiedergegeben werden und sind besonders im Hinblick auf den Vergleich verschiedener Paramos und verschiedener Paramoregionen z.T. noch ergänzungsbedürftig.

In der Regel wurde die kombinierte Käfersieb-BERLESE-Methode angewandt und der gesamte Oberblattmantel ausgelesen.

Merotop	Espeletia gr. (abgest. Blätter)		Übrige Vegetation		Größenklassen A C E G I K M
Gesamtvolumen d. Prob	554 Lit.		58,5 Lit.		
Abundanz w. bezogen a.	500 ,,		50 ,,		
TIERGRUPPEN	Abundanz	Präsenz	Abundanz	Präsenz	
Collembola	967	100%	1117	100%	
Protura			10	40%	
Diplura	5	40%	70	80%	
Thysanura	113	100%	<1	20%	
Dermaptera					
Blattodea	14	80%	<1	20%	
Saltatoria					
Psocoptera	22	80%			
Thysanoptera	8	60%	31	100%	
Heteropteroid.	16	80%	29	80%	
Auchenorhyn.			21	60%	
Sternorhyncha	120	90%	73	100%	
Curculionidae	144	100%	13	80%	
Staphylinidae	4	30%	199	100%	
Coleoptera Rest	66	100%	26	60%	
Coleopt. Larven	64	90%	48	100%	
Formicoidea	3	30%	4	20%	
Hymenopt. Rest	4	30%	7	80%	
Lepidopter. Larven	56	90%	14	40%	
Lepidopter. Imagin.	2	20%			
Diptera Larven	5	30%	190	100%	
Diptera Imagines	1	10%	2	40%	
Larven unb. Rest	5	50%	1	20%	
Diplopoda	299	100%	178	100%	
Chilopoda	1	10%	5	80%	
Pauropoda					
Symphyla			30	60%	
Isopoda	32	100%	45	100%	
Pseudoscorpion.	100	100%	17	100%	
Opiliones	3	20%	15	80%	
Araneae	94	100%	52	100%	
Acari	8.238	100%	7.448	100%	
insgesamt	10386		9645		
ohne Acari + Collem.	1181		1080		

Tab. 16. Arthropodenfauna der oberirdischen Teile der Vegetation des Monserrate-Paramos. Gegenüberstellung der Vorkommen a. zwischen den abgestorbenen Blättern von *Espeletia gr.* (10 Exempl., 60-80 cm Stammhöhe, 6.2.68) b. in der übrigen Vegetation (*Puya* ausgenommen, 5 Proben, 22.2.-23.8.68).

Die Präsenz verschiedener Tiergruppen in verschiedenen Exemplaren von *E. gr.* wurde am 6.2.1968 an 10 Espeletien mit Stammhöhen zwischen 68 und 78 cm und Volumina der Blattmasse zwischen 32 und 78 Litern untersucht. Sie war auffallend hoch. 9 der insgesamt registrierten 32 Tiergruppen (vergl. Tab. 16) hatten eine Präsenz von 100%, 16 eine Präsenz von 50% und mehr. Von 26 sicher ansprechbaren Arthropodenarten hatten immerhin 15 eine Präsenz von 60% und mehr (vergl. Kap. 7.3.2.).

Merotop / Ausschnitt	Espeletia grandiflora abgestorbene Oberblätter							
	1.	2.	3.	4.	5.	6.	7.	8.
Gesamtvolumen in Lit.	40	72	73	120	92	65	92	92
Wassergehalt Extrakt	17%	11%	13%	33%	32%	30%	22%	16%
Collembola	63	11	41	133	46	80	26	27
Protura								
Diplura				1	4	2		
Thysanura	35	7	7	7	10	9	18	13
Dermaptera								
Blattodea	10	1	4		1	3		3
Saltatoria								
Psocoptera	5	8	4	1	2	8	2	1
Thysanoptera								
Heteropteroid.	3		1	1	1	2	1	1
Auchenorrhyn.								
Sternorrhyn.	13	19	22	56	5	3	6	24
Curculionidae	10	6	11	17	2	17	15	15
Staphylinidae		1				3		
Coleopt. Rest	10	6	4	8	17	9	4	3
Coleopt. Larven	15	6	14	6	10	8	4	7
Formicoidea	3			1		3	1	
Hymenopt. Rest	8			1		2		1
Lepidopt. Larven	10	6	7	4	8	5	4	
Lepidopt. Imagines				1				
Diptera Imagines			6	3		2	1	1
Diplopoda	18	4	8	13	30	29	1	4
Chilopoda			1				1	
Pauropoda								
Symphyla								
Isopoda					1	6		
Pseudoscorpion.	5	6	3	8	2	9	19	8
Opiliones					1	3		
Araneae	18	10	10	12	6	12	6	7
Acari	2.395	1.265	849	1.977	1.184	1.904	2.103	2.139
insgesamt	2.618	1.355	992	2.247	1.332	2.122	2.215	2.254
ohne Acari + Collem.	160	79	102	138	102	133	86	88

Tab. 17. Abundanzen der Meso- und Makrofauna in verschiedenen Bereichen des abgestorbenen Oberblattmantels von *Espeletia gr.* im Páramo de Mons. bezogen auf jeweils 100 Liter, Proben vom 10.5.68. Ausschnitte 1.-4. umfassen je ca. 1/4 der Höhe des Blattmantels dreier Espeletien (Stammhöhen: 107/97/93 cm), 5.-8. je 1/2 der Mantelhöhe und 1/2 des Umfangs von 3 weiteren Espeletien (Stammhöhen: 112/95/92 cm). Wassergehalt bestimmt aus Käfersiebextrakt in % des Trockengewichts.

Die zeitliche Konstanz der Espeletienfauna wurde für gut 14 Monate überprüft. In dieser Zeit wurden in Abständen von 3 Wochen bis zu 2 Monaten und zu 15 verschiedenen Zeiten insgesamt 34 Espeletien untersucht. Gleichzeitig genommene Proben wurden zusammengefaßt. Hier betrug die Präsenz für 11 der Tiergruppen 100% und für 22 über 50%.

Noch höher war die Präsenz der o.g. Tiergruppen bei 4 gleichzeitig genommenen Proben aus je 2 Espeletien, die in verschiedenen Höhen wuchsen: ca. 3280, 3230, 3150 und 3080 m. Die Probestellen lagen auf einer in Luftlinie rund 1 km messenden Linie, die beiden oberen im eigentlichen Paramogebiet, die unteren in einem anmoorigen Streifen der Bergwaldregion (vergl. Abb. 3). Hier waren die entsprechenden Gruppenzahlen 15 (100%) und 22 (50-75%). Die Artenzusammensetzung war — soweit sie überprüft werden konnte — bei den beiden Paramoproben sehr ähnlich. Davon wichen die Bergwaldproben mit abnehmender Höhe stärker ab. Bei der 3080 m-Probe war die Zahl der Blattodea mit 115 Tieren pro ca. 100 Liter extrem hoch, ebenso die der Ortheziiden mit 439 Ex. pro 100 Liter, die der Pseudoscorpiones mit 29/100 Liter noch beachtlich. Dafür waren die Abundanzen der Curculioniden (16) und Acari (1031) deutlich unterdurchschnittlich. Bei den Blattodea war auch die Artenvielfalt deutlich höher während bei den Curculioniden die im Paramo sehr konstante und häufige *Ulosomimus*-Art ganz oder teilweise ersetzt war durch eine sehr ähnliche der gleichen Unterfamilie. Einen Hinweis auf den starken Einfluß der Höhenlage bzw. der andersartigen Begleitflora und -fauna in den tieferen Lagen gibt auch die Untersuchung der Fauna von *Espeletia corymbosa*, die nach Größe und Habitus der *E. gr.* entspricht, jedoch weniger stark behaart ist und härtere Blätter hat. Diese Art kam in der Nähe des Untersuchungsgebietes in einigen Exemplaren vor, deren Fauna kaum Abweichungen von der auf *E. gr.* erkennen ließ. *E. corymbosa* stieg jedoch in ca. 2 km Entfernung bis fast zum Stadtrand von Bogotá ab, wo sie in ca. 2700 m Höhe zwischen Bergwaldresten und angepflanzten *Eucalyptus*-Beständen anzutreffen war. Die Untersuchung von 2 Exemplaren (26.12.68) zeigte, daß *Meinertellus b.* als die im Paramo konstanteste Art fehlte, die Collembolen und Milben nur relativ schwach vertreten waren und viele andere Gruppen abweichende Abundanzen und Artenzusammensetzungen aufwiesen. Anscheinend war hier die größere Trockenheit, bedingt durch geringere Niederschläge und höhere Durchschnittstemperaturen ein wesentlicher Faktor. Alle Ergebnisse zur Höhenabhängigkeit müßten anhand weiterer Proben überprüft werden.

Die an *E. gr.* aus anderen Paramos gewonnenen Daten sind größtenteils nur begrenzt mit denen aus dem Monserrate-Paramo vergleichbar, da der Feuchtigkeitsgehalt der Blattmasse in den Paramos von Guasca und Chisacá sehr hoch und deshalb die Käfersiebextraktion weniger effektiv war. Auffällig war das Fehlen von Thysanuren (*Meinertellus b.*) der starke Anteil von Ipiden (28 Exemplare aus 6 Espeletien = 72% der Coleoptera), die im Monserrate-P. nur in Flugfallen regelmäßig auftraten, und das Zurücktreten der Curculioniden in Chisacá. Dabei müßte jedoch ein möglicher anthropogener Einfluß mitbedacht werden: 2 Exemplare wuchsen auf ehemaligem Ackerland, 4 waren vor weniger als 5 Jahren abgebrannt worden. Insgesamt gesehen, läßt sich der Vergleich der Fauna verschiedener Paramos wohl nur bei Abstimmung der Extraktionsmethode auf höhere Feuchtigkeitsgehalte, Vergrößerung der Probenzahl und Einbeziehung möglichst natürlicher Espeletienvorkommen aussagekräftig machen.

Auch nach dem gänzlichen Absterben einer *Espeletia* bleibt der Blattmantel noch lange Zeit erhalten. Fällt sie schließlich um, dann steigt der Feuchtigkeitsgehalt besonders in der Kontaktzone mit dem Boden stark an und die euedaphische Fauna beteiligt sich immer stärker an der Zersetzung. In einem Fall wurden 1,6 Liter der Blattmasse einer schon seit mindestens 1 Jahr gefallenen Espeletie von 54 cm Stammlänge nur mit der BERLESE-Methode untersucht. Der Feuchtigkeitsgehalt betrug 183%, die Wohndichte nur der Arthropoden (außer Copepoden) 1129/Liter (169 Collembola, 838 Acari mit mehr als der Hälfte Oribatiden) und lag damit knapp unter der für die obersten Bodenschichten festgestellten Arthropodenabundanz. Bedenkt man, daß die 1.6 Liter noch erhebliche Lückenräume der bodenferneren und weitgehend unzersetzten Blatteile einschlossen, dann ergibt sich für die bodennahen Teile eine sehr viel höhere Dichte. Leider wurden keine Paralleluntersuchungen mit der BÄRMANN-Methode durchgeführt. Die wenigen Stellen mit alten gefallenen Espeletien dürften im Grasparamo die einzigen sein, die mit einer Laubstreuschicht verglichen und in einen O_L-, O_F- und O_H-Horizont (vergl. BADEN, KUNTZE *et al.* 1969) unterteilt werden können. Eine Eigenart der Espeletien „streu" sind jedoch die auch nach Stamm, Blattbasen und Oberblättern deutlich wechselnden Lebensbedingungen für die Fauna. Ein starkes Eindringen euedaphischer Formen der Mikro- und Mesofauna war auch bei *Espeletia argentea* (Paramo El Palacio) festzustellen. Diese Art bleibt relativ klein, so daß die Spitzen ihres dichten Blattmantels vielfach in engem Kontakt mit dem Boden stehen.

Die „Bio"masse konnte nur grob abgeschätzt werden. Das Trockengewicht einer Espeletie von fast 1 m Stammlänge einschließlich der anhängenden abgestorbenen Teile beträgt danach um 3,2 kg. Die weitere Aufteilung dieser Masse geht aus Abb. 16 hervor. Bei der in Abb. 12 festgehaltenen Dichte und Größenverteilung würden auf einen Quadratmeter rd. 2 kg Espeletiensubstanz aber — von *Puya*-Vorkommen abgesehen — sehr viel weniger an sonstiger Vegetation entfallen vergl. CARDOZO & SCHNETTER 1976). Die tierische Biomasse der erfaßten Gruppen ist ähnlich wie die Abundanz in den oberen Bodenschichten am größten und beträgt für 0-5 cm Bodentiefe etwa 3-5 g pro Liter, woran die Enchytraeen mit mehr als der Hälfte beteiligt sind. Unter den Arthropoden sind die Dipterenlarven (noch vor den Nematoden) die massenreichste Gruppe. Die Konzentration der tierischen Biomasse im Blattmantel der Espeletien ist mit ca. 30 mg (10-50 mg) pro Liter gering und unterliegt durch das sporadische Vorkommen der relativ massenreichen Ortheziidenaggregationen stärkeren Schwankungen. Entsprechend hat diese Gruppe in vielen Fällen auch den Hauptanteil an der tierischen Biomasse. Wo sie zurücktritt, übernehmen die Coleoptern konstant die erste Stelle, während die Araneae meist noch vor den Diplopoda, Thysanura und Acari einzureihen sind.

Damit erreicht die tierische Biomassekonzentration des Blattmantels knapp 1/100 der Bodenbiomasse pro Liter in den oberen Bodenschichten, was recht genau dem Verhältnis der entsprechenden Wohndichten entspricht. Diese Übereinstimmung läßt sich nur durch die relative Größe der Bodenenchytraeen erklären. Denn die Durchschnittsgröße der Arthropoden und Nematoden im Boden ist deutlich geringer als die der Blattmantelarthropoden. Umgerechnet auf eine Espeletie ergeben sich für den Blattmantel etwa 0,7-2,3 g tierischer Biomasse.

Die Artenzahl innerhalb der besser untersuchten Gruppen ist aufgrund der vorliegenden Aufsammlungen und des derzeitigen Standes der taxonomischen Bearbeitung nur unzulänglich vergleichbar. Beschränkt man sich auf Coleoptera, Diplopoda und Araneae sowie das engere Untersuchungsgebiet, so liegt sie insgesamt bei weit über 100. Im Blattmantel von je 2 zu einer Probe zusammengefaßten Espeletien kamen in der Regel bis zu 15 Arten von Coleoptera, bis zu 5 von Diplopoda und bis zu 10 von Araneae vor. Hierbei ist zu bedenken, daß manche für *Espeletia* sehr typische Arten (z.B. *Epistrophus* sp. und *Leptostylus* sp.) eine geringe Präsenz aufweisen.

Die Fauna der Blüten (Tab. 18) unterscheidet sich im Bezug auf Wohndichte, Beteiligung verschiedener Gruppen und Artenzusammensetzung innerhalb dieser Gruppen deutlich von der der anderen Teile der Pflanze. Die extrem hohe Abundanz wird sicher mitbedingt durch die Konzentration leicht aufschließbarer Blütenteile. Führend an der Merozönose beteiligt sind nur 4 Tiergruppen, nämlich die Thysanoptera, die Aphididae, die gut 97% der Sternorrhyncha stellen, die Curculionidae und die Acari, unter denen die Oribatiden stark zurücktreten und weit weniger als 1/4 der Gesamtzahl ausmachen. Von deutlich geringerer Präsenz aber gelegentlich auffallend individuenreich sind die Staphyliniden, die Lepidopterenlarven und die Bibioniden. Letztere stellen mit einer *Dilophus*-Art von gut 5 mm Länge gut 92% der Dipteren und den größten Vertreter der häufigen Blütenbewohner. Eigenartigerweise traten die 1. und 3. der zuletzt genannten Gruppen nur in Proben vom August 1968, also am Ende der Blühperiode von *E. gr.*, deutlich in Erscheinung. Dies könnte als Hinweis auf ein periodisches Vorkommen, vielleicht auch auf ein starkes Wachstum der Population während der Blühperiode hindeuten.

Die Artenzahl der Blütenfauna ist relativ gering. Bei den Curculioniden (*Phyllotrox* sp.), Staphyliniden (Aleocharinae n.g., n.sp.), Bibioniden (*Dilophus* sp.), wahrscheinlich auch bei den Thysanopteren (*Trachythrips* sp.) gehören mehr als 90% der Individuen je einer Art an. Wahrscheinlich sind auch die Aphididae, Coleopterenlarven und Lepidopterenraupen relativ gleichartig. Weitere Hinweise auf höhere Präsenz finden sich noch bei den Collembola, die durchweg durch Arthropleona repräsentiert waren, bei den Heteropteroidea (über 50% Larven) und bei den Coleopterenlarven. Der Grad der Spezialisierung der einzelnen Arten auf *Espeletia*-Blüten und Blüten allgemein, ebenso die Periodizität des Vorkommens und die Dauer der permanenten Bindung müßten näher untersucht werden.

Die gänzlich andere Artenzusammensetzung und sehr viel geringere Abundanz der Fauna von *Puya*-Blüten sowie die Tatsache, daß alle häufigeren *Espeletia*-

Blüten-Arten in anderen Merotopen nicht in vergleichbarer Zahl gefunden wurden, kann nur sehr vorsichtig im Sinne einer Spezialisierung gedeutet werden. Fast alle konstanten Blütenbewohner- einschließlich der Staphyliniden — dürften sich phytophag ernähren. Eine Ausnahme machen die Spinnen (überwiegend Thomisiden) und die Formicoidea mit *Camponotus nitens* als einziger Art, die sich wegen der Blattläuse stärker auf die Blütenregion zu konzentrieren scheint. Wieweit die gefundenen Larven ihre gesamte Entwicklung auf den Blüten durchmachen und wieweit sie zu genannten Arten in Beziehung stehen, wäre überprüfenswert.

Merotop	1. Blüten Knospen	2. aufgeblüht	3. verblüht	4. insgesamt	5. Blütenstengel	6. Blätter jung	7. alt	8. insgesamt
Probengröße in Stück	116	32	68	549	24	30	30	220
Abundanz bez. auf	1 Liter				3 Liter			
Collembola	7		30	13		10	23	6
Protura								
Diplura								
Thysanura								
Dermaptera								
Blattodea								
Saltatoria								
Psocoptera								<1
Thysanoptera	994	2855	2694	2171	67	8	10	5
Hemip. Heteropteroid.	28	19	6	7				
Hemip. Auchenorrhyn.								
Hemip. Sternorrhynch.	228	62	48	127	12	56	19	31
Coleopt. Curculionidae	84	656	420	611	2			<1
Coleopt. Staphylinidae				176				
Coleopt. Coleoptera Rest	14	94	141	122	1			<1
Coleopt. Coleoptera Lar.	21	6	72	32				<1
Hym. Formicoidea	4	6		9				<1
Hym. Hymenopt. Rest				1				<1
Lepidopt. Larven	84	56	111	112	7		2	<1
Lepidopt. Imagines				<1				
Diptera Larven			9	6	<1			<1
Diptera Imagines				52		2	1	2
Larven unbest.								
MYRIAP. Diplopoda								
MYRIAP. Chilopoda								
MYRIAP. Pauropoda								
MYRIAP. Symphyla								
Isopoda								
ARACHN. Pseudoscorpiones								
ARACHN. Opiliones								
ARACHN. Araneae			6	8				<1
ARACHN. Acari	165	856	621	782	106	48	1464	772
insgesamt	1629	4610	4158	*4229*	*195*	124	1519	*818*
ohne Acari + Collemb.	1457	3754	3501	*3434*	*89*	66	32	*40*

Tab. 18. Fauna der Blüten und des Blattschopfes von *Espeletia gr.* im Páramo de Mons. Proben von Spalte 1.-3. + 5.: 14.6.68, von Spalte 4.: 24.5.-30.8.68, von Spalte 6. + 7.: 19.7.68, von Spalte 8.: 19.7.68-7.2.69. Die Gesamtwerte schließen zusätzliche Proben ein. < 1 = errechneter Wert liegt unter 0,5. Umrechnung in Liter aufgrund der Volumenbestimmung von Stichproben.

Die Fauna der Blütenstengel setzt sich durch sehr viel geringere Abundanz deutlich von der der Blüten ab. Die ähnliche Zusammensetzung nach Tiergruppen könnte durch Gäste aus benachbarten Teilen, insbesondere aus den Blüten wesentlich mitbedingt sein. Typisch dagegen scheinen Käferlarven zu sein, die im Mark der Stengel minierten.

Für den Schopf der lebenden Blätter läßt sich aus Tab. 18 und einigen ergänzenden Untersuchungen eine Eigenständigkeit der Fauna und eine vom Alter der Blätter abhängige Sukzession der Fauna wahrscheinlich machen. Die bei den Blüten als besonders charakteristisch aufgezählten Tiergruppen sind auf den Blättern fast durchweg spärlich oder überhaupt nicht vertreten. Eine Ausnahme scheinen nur die Sternorrhyncha und die Acari zu machen. In beiden Fällen sind es jedoch ganz andere Untergruppen, auf die die Mehrzahl der Individuen entfällt. Bei den Sternorrhyncha handelt es sich zu 90% um Ortheziiden, bei den Acari zu über 90% um Oribatiden, wobei auf den jüngeren Blättern bei geringer Gesamtabundanz noch die Nichtoribatiden innerhalb der Acari überwiegen. Der Wechsel scheint mit dem Alterungsprozeß der Blätter einherzugehen, so daß eine Angleichung an das Verhältnis Oribatiden: Nichtoribatiden und an die Abundanzen der Ortheziiden in den abgestorbenen Blättern erreicht wird. Maximale Abundanzen erreichen die Oribatiden anscheinend erst in den gerade abgestorbenen Blättern (auf 30 Blättern vom 19.7.1968: 2660), während 5-15 cm unter dem Scheidungsring die vergleichbare Zahl wieder auf 793 zurückgeht. Zwei charakteristische aber seltenere Tierarten wurden durch die Kleinproben nich erfaßt jedoch durch Absuchen und Streifen nachgewiesen: *Penichrophorus luteus* (FUNKH) (Membracidae) und *Exorides lindigi* KIRSCH (Curculionidae).

7.6. Die Aktivitätsdichte im Páramo de Monserrate

7.6.1. *Die Aktivitätsdichte auf der Bodenoberfläche (Tab. 19)*

Sie wurde mit Hilfe von BARBER-Fallen bestimmt (vergl. Kap. 7.2.). Von den insgesamt 11 Fallen standen 10 im Lückensystem der Krautschicht, das vegetationsfrei oder von adnaten Pflanzen bewachsen war (vergl. Abb. 17). Die 11. Falle war in einem Grasbüschel von gut 10 cm unterem Durchmesser untergebracht. Ihre Ergebnisse können nur Hinweischarakter haben.

Die durchschnittliche Aktivitätsdichte betrug 96 Tiere pro 1000 cm^2 und Tag (Ohne Acari + Collembola, vergl. Tab. 19, zur Vergleichbarkeit der Maßeinheit: STURM, ABOUCHAAR *et al.* 1970, S. 570). Innerhalb von 10 voll auswertbaren Fangperioden schwankte dieser Wert zwischen 50 und 114 Tieren. Damit ist die Schwankungsbreite geringer als bei den Luftfallen (vergl. Kap. 7.5.2), obwohl auch in den BARBER-Fallen periodisches Auftreten von Arten und Gruppen nicht selten war. Eine von Wetter und Zufall unabhängige Periodizität konnte nur für

Abb. 17. BARBER-Falle im offenen Netzwerk zwischen der Vegetation. Grasbüschel ganz überwiegend von *Calamagrostis effusa.* Vorn eine *Paepalanthus*-Rosette, nach rechts hinten anschließend die niedrigen Büschel von *Oreobolus obt.* Innerer Fallendurchmesser 5,5 cm.

eine noch unbestimmte Scarabaeiden-Art (*Leucothyreus* sp.) nachgewiesen werden: 72 Individuen vom 9.8. – 15.11.68 mit einem Maximum von 24 Exemplaren in der Fangperiode zum 4.10.. Außerhalb des erstgenannten Zeitraumes wurden nur 6 Exemplare gefangen. Für die Grasbüschelfalle war die Aktivitätsdichte etwas höher, was überwiegend durch den hohen Anteil an Auchenorrhyncha und Diptera bedingt war. Andererseits ist dies ein Hinweis darauf, daß das von höherwüchsiger Vegetation freie Netzwerk nicht in dem Umfang als Verbindungsnetz von oberflächenaktiven Tieren genutzt wird, wie man es erwarten könnte.

Die Zusammensetzung nach großen Gruppen zeigt – von den Acari und Collembola zunächst abgesehen – ein Vorherrschen der Homoptera (32%) und innerhalb dieser Gruppe der Auchenorrhyncha. Die ebenfalls vertretenen Aphidioidea und Ortheziiden stellten zusammen nur rund 1/4 der Homoptera.

An zweiter Stelle folgten die Dipteren, die fast ausschließlich durch Imagines vertreten waren. Ihr gegenüber den Abundanzbestimmungen deutlich höherer Anteil und das Überwiegen der Brachycera (= 61% der Diptera) ist z.T. sicher auf ihre hohe Aktivität und auf das Fehlen von Abundanzmethoden, die auf sie abgestimmt waren, zurückzuführen. Die sehr charakteristischen und nur durch die BARBER-Methode erfaßten physogastrischen Phoriden machten weniger als 10% der Diptera aus.

Relativ hoch ist auch der Anteil der Araneae (14%), die überwiegend durch kleine Arten vertreten waren, und der Coleoptera (8%). Unter letzteren treten die in der Abundanz führenden Curculioniden mit 21% der Coleoptera an die 2. Stelle hinter die aktiveren Carabiden (29%) zurück, während die o.g. und sonst nicht nachgewiesene Scarabaeiden-Art mit 17% noch individuenreicher ist als die Staphyliniden (14%).

Weitere bemerkenswerte Gruppen sind noch die Hymenoptera (9%, davon gut 1/4 auf *Camponotus n.* entfallend), Diplopoda (2,5%) und Saltatoria (3,5% mit der

TIERGRUPPEN	10 Fallen in Vegetationslückn. 8.III. 68. – 21.III. 69				1 Falle in Graminen. 31.V.68 – 21.III.		GRÖSSEN-KLASSEN
	Ges.zahl	Prä-senz	Akt.dicht. Ø	ungestört	Ges.zahl	Akt.dich-te	A C E G I K M
Collembola	4260	86%	682	1347	499	1018	
Protura							
Diplura	32	54%	5	3	1	2	
Thysanura	19	43%	3	2	1	2	
Dermaptera	1	4%	<1				
Blattodea	12	36%	2	2	2	4	
Saltatoria	140	96%	22	31	1	2	
Psocoptera	8	25%	1	1		2	
Thysanoptera	16	39%	3	5	1	2	
Heteropteroidea	21	54%	3	5	4	8	
Auchenorrhyncha	1029	100%	165	298	198	404	
Sternorrhyncha	390	79%	62	111	10	20	
Curculionidae	88	75%	14	11	13	27	
Staphylinidae	64	75%	10	13	7	14	
Sonstige	306	93%	49	36	31	63	
Larven	56	88%	9	14	5	10	
Formicoidea	108	96%	17	19	9	18	
Sonstige	227	86%	36	70	23	47	
Lepidoptera Larven	25	61%	4	8	3	6	
Lepidoptera Imagines	16	43%	3	3	2	4	
Diptera Larven	41	61%	7	6	8	16	
Diptera Imagines	690	96%	110	151	137	279	
Diplopoda	142	100%	23	23	6	12	
Chilopoda	12	32%	2	3			
Isopoda	7	25%	1	1	2	4	
Copepoda	71	21%	11	3	4	8	
Pseudoscorpiones	13	32%	2	4	5	10	
Opiliones	21	46%	3	6	3	6	
Araneae	492	100%	79	126	80	165	
Acari	1467	96%	235	467	437	891	
TURBELLARIA	20	11%	3				
NEMATODES	1	4%	<1				
Oligochaeta	420	57%	67	6			
AMPHIBIA	5	18%	1	1			
insgesamt	10.224		1.634	2.776	1.493	3.044	
ohne Acari + Collembola	4.497		717	962	557	1.135	

Tab. 19. Ergebnisse der BARBER-Fallen-Fänge im Páramo de Mons. 10 Lückenfallen: 28 Perioden zu je 14 Tagen, 1 Gramineenfalle: 12 Perioden zu 14-42 Tagen. Aktivitätsdichte in Tieren pro 10 Tage und pro 1000 cm² Fallenöffnung; Präsenz bezogen auf die verschiedenen Fangperioden, ungestört = berechnet aus 10 mit Sicherheit ungestörten Perioden. In Tab. nicht erwähnt: 1 Floh, 1 Reptil (*Ophryessocoides*), 1 Säuger (*Cryptotis*). Sonstige Erläuterungen s. Kap. 7.3.2.

Hälfte Acridioidea, ansonsten Gryllidae). Die Enchytraeen sind eingeschwemmt und nur indirekt charakteristisch.

Acari und Collembola stellen in den 10 voll auswertbaren Probenserien 65% der Gesamtfauna. Das Verhältnis von Arthropleona: Symphypleona innerhalb der Collembola beträgt 63 : 37, deutet also wieder auf einen hohen Anteil der Gramineenfauna hin. Auch bei den Acari ist der Anteil der Oribatoidea mit rund 30% sehr viel geringer als auf den Espeletien.

Auch im Hinblick auf die Artenzusammensetzung bestätigt sich die Eigenständigkeit bzw. Sessilität der Espeletienfauna. Die in den BARBER-Fallen häufigen Arten, z.B. Brachyderinae g. sp. (Curculionidae), *Tachys* sp. (Carabidae), *Leucothyreus* sp. (Scarabaeidae), Liniphyidae g. sp. sind in Espeletien nicht zu finden, während die gemeinsamen Arten, z.B. *Meinertellus b.* (Thysanura), *Colpodes* sp. (Carabidae), *Pseudopentarthrum* sp. (Curculionidae), Anyphaenidae g. sp., *Priscula* sp. (Araneae) in den Fallen nur selten vorkommen. Nur *Camponotus n.* (Formicoidea) war in den Fallen häufiger als auf *Espeletia*.

Ein Vergleich mit Fallenfängen aus dem Paramowald I ergab als auffallendste Besonderheiten der Waldfauna: größerer Arten- und Individuenreichtum, geringe Zahl von übereinstimmenden Arten (ca. 1/5), Vorkommen von Forficuliden und Ripiphoriden, geringere Zahl von Saltatoria, Diplopoden und Lepidopterenlarven.

Insgesamt gesehen unterstreichen die BARBER-Fallen-Errgebnisse die Eigenart und Eigenständigkeit der auf der Bodenoberfläche aktiven Fauna und die Nützlichkeit der Heranziehung dieser Methode.

7.6.2. Die Aktivitätsdichte im Luftraum (Tab. 20)

Die verwendeten Fallen (vergl. Kap. 7.2.) erlaubten eine Erfassung der Aktivitätsdichte bis in etwa 75 cm Höhe. Alle in Tab. 20 aufgeführten Werte beziehen sich auf Fallen mit Ablenkscheiben. Gleichzeitig durchgeführte Vergleichsfänge hatten nämlich ergeben, daß die Scheiben der beiden oberen Fallen (36 und 66 cm) die Fangzahlen um fast das Dreifache erhöhten (926 : 328), während bei der unteren Stufe (6 cm) die scheibenlose Falle ein etwas höheres Fangergebnis aufwies (666:703). Die Erklärungsmöglichkeiten für diesen letzten Befund sind z.Z. noch nicht überprüft.

Der Anteil der Arten mit Flug- oder (und) Sprungvermögen lag in der Regel weit über 90%. Ausnahmen (vergl. 21.III und 4.IV.69) erklären sich durch verstärktes Auftreten von Milben (Phoresie?).Regelmäßig, aber in geringer Anzahl, waren Exemplare von *Camponotus n.* (Formicoidea) vertreten.

Insgesamt gesehen nahm die Aktivitätsdichte nach der Höhe zu ab. Der stärkere Abfall von 6 auf 36 cm erklärt sich wohl z.T. daraus, daß die 6 cm-Falle noch voll im Grasbüschelniveau lag und so die Aktivitätsdichte auch der überwiegend springenden Tiere stärker zur Geltung kam. Der Mittelwert der Aktivitätsdichte pro Tag und 1000 cm^2 lag mit 52 Tieren unter dem für die Erdoberfläche mit

Hilfe der BARBER-Fallen festgestellten. Noch unterschiedlicher ist die Schwankungsbreite der Aktivitätsdichte für Fangperioden gleicher Länge. Neben den für die Schwankungen sicher primär verantwortlichen Wetterverhältnissen wirkte sich hier z.T. auch die Periodizität im Auftreten mancher Tierarten aus, z.B. das verstärkte Auftreten von *Dilophus* spec. (Bibionidae) während der Blütezeit von *Espeletia gr.* Wegen des fast völligen Fehlens von Larvenformen dürfte das periodische Auftreten von Tierarten und -gruppen bei dieser Methode ganz allgemein stärker in Erscheinung treten.

Datum	Zeit-raum in Tagn	Höhe in cm	Tiere insge-samt	Flieger und Springer	Tiere pro Tag u. 1000 cm²	Anteil von (bezog. auf Sp. 5)					
						Diptera	Hymen-opt	Cole opt.	Hom opt.	Lepi dopt.	Rest
19.		6	272	268 (98,5%)	137	76%	10%	5%	7%	1%	1%
IV.	7	36	121	120 (99%)	61	65%	5%	21%	2,5%	3%	3,5%
68.		66	160	160 (100%)	82	63%	4%	18%	1%	10%	4%
26.		6	137	134 (98%)	70	73%	13%	6%	7%	0,5%	0,5%
IV.	7	36	66	65 (99%)	34	58%	5%	18%	11%	5%	3%
68		66	38	37 (97%)	19	41%	–	51%	3%	3%	2%
3.		6	164	156 (95%)	84	85%	6%	1%	4%	4%	–
V.	7	36	73	73 (100%)	37	67%	7%	21%	–	3%	2%
68		66	23	23 (100%)	12	30%	4%	44%	–	22%	–
10.		6	183	180 (98%)	92	69%	14%	4%	10%	1,5%	0,5%
V.	7	36	73	71 (97%)	36	76%	8%	11%	0,5%	0,5%	4%
68		66	73	73 (100%)	37	60%	7%	26%	–	7%	–
31.		6	424	411 (97%)	105	78%	9%	3%	6%	2%	2%
V.	14	36	141	132 (94%)	34	75%	7%	11%	2%	4%	1%
68		66	86	81 (94%)	21	49%	5%	32%	1%	12%	1%
7.		6	212	210 (99%)	54	80%	2%	3%	11%	1%	3%
III.	14	36	223	212 (95%)	54	78%	6%	9%	0,5%	5%	1,5%
69		66	72	70 (97%)	18	41%	4%	41%	2%	10%	2%
21.		6	151	149 (99%)	38	74%	5%	–	13%	1%	7%
III.	14	36	194	155 (80%)	40	71%	5%	13%	3%	4%	4%
69		66	195	142 (72%)	36	57%	3%	25%	1%	9%	5%
4.		6	311	305 (98%)	78	71%	8%	2%	15%	3%	1%
IV.	14	36	136	129 (95%)	33	74%	6%	11%	–	8,5%	0,5%
69		66	133	107 (80%)	27	65%	–	21%	2%	10%	1%
Mittel		6			82	76%	8%	3%	9%	2%	2%
werte		36			41	71%	6%	14%	2,5%	4%	2,5%
		66			32	51%	3%	32%	1%	10%	2%

Tab. 20. Ergebnisse der Luftfallenfänge im Páramo de Mons. Datum = Beginn der jeweiligen Fangperiode, Höhe = Höhe der Oberkante der Fallengefäße mit Formol. Näheres zur Fangmethode s. Kap. 7.2.

Am häufigsten und konstantesten waren Dipteren, mit einem Verhältnis Nematocera: Brachycera = 540 : 1815 vertreten. Ihr Anteil sank nur in den 66 cm-Fallen und nur in 4 der 8 Fangperioden auf unter 50%. Anscheinend bevorzugen sie die Krautschicht. Denkbar wäre auch, daß die obere freistehende Falle besser sichtbar und deshalb gerade für diese guten Flieger leichter vermeidbar war. Dies würde die entgegengesetzte Tendenz bei den Coleopteren erklären, die als wenig wendige Flieger eher gezwungen sein könnten, oberhalb der Krautschicht zu fliegen und mit größerer Wahrscheinlichkeit in die Fallen eingehen müßten.

Den nächstgrößeren mittleren Anteil hatten die Coleopteren mit 16%. Hier sind die starken Schwankungen u.a. durch das sporadische Auftreten größerer Zahlen von Ipiden und Ptiliiden bedingt. Beide Gruppen haben auch an der Gesamtzahl der Käfer einen beachtlichen Anteil: Ipidae : Ptiliidae : Staphylinidae : sonstige Coleoptera = 151 : 87 : 61 : 92. Wieweit die Ipiden autochthone Paramotiere sind, läßt sich vorerst nicht entscheiden. Evtl. gehört ein Teil der in Espeletien minierenden Larven (vergl. Kap. 7.4.) zu dieser Familie.

Der Anteil der anderen Gruppen liegt deutlich unter den o.g. Werten. Bei den Hymenoptera handelt es sich überwiegend um kleine Arten bis 5 mm Länge. Es fehlten die *Bombus*-Arten und bis auf 1 Exemplar die Apiden allgemein. Dies und das völlige Fehlen von Rhopaloceren zeigt, daß die Ergebnisse nicht in jeder Hinsicht repräsentativ für die Aktivitätsdichte der fliegenden und springenden Tiere sind. Sie erhalten ihren Wert durch Vergleich mit entsprechend gewonnenen Daten und durch ihre Ergänzungsfunktion zu anderen Methoden. Außerdem müßte die Abhängigkeit der Effektivität der Methode von verschiedenen Wetterbedingungen und von Aufstellung und Ausrichtung der Fanggefäße überprüft und in die Diskussion der Daten einbezogen werden.

Innerhalb der Homoptera wechselte besonders der Anteil der Auchenorrhyncha und der geflügelten Aphididae in Abhängigkeit von der Fangperiode. Bei ersteren war außerdem eine Konzentration auf die 6 cm-Falle festzustellen, was vermuten läßt, daß diese Tiere weniger fliegend als springend in die Gefäße gelangt sind. Insgesamt stehen bei den Hemiptera 171 Auchenorhyncha 25 Exemplaren aus den beiden anderen Untergruppen gegenüber. Allein 153 der 171 Tiere wurden in den 6 cm-Fallen registriert.

Innerhalb der in der Tabelle nicht eigens aufgeführten Gruppen sind Collembola (Arthropleona : Symphyleona = 35 : 12), Heteroptera und Saltatoria (ausschließlich Acridioidea) zu nennen.

7.7. Diskussion der Ergebnisse

Unter den Fragen, die im Zusammenhang mit der Tierökologie und den erzielten Ergebnissen herausgegriffen werden könnten, sollen hier nur einige wesentlich erscheinende kurz besprochen werden.

Eigenart und Evolution der Paramofauna: Während sich der Grasparamo des Monserrate als Pflanzenformation und -gesellschaft sehr deutlich vom benachbarten Bergwald abhebt, trifft dies für die Fauna nur teilweise zu. Unter den im Paramo vorkommenden Wirbeltieren gibt es nur sehr wenige, die überwiegend oder ausschließlich an diesen Lebensraum gebunden sind. Ähnliches gilt für viele der seither näher untersuchten Arten und Gruppen der Wirbellosen (vergl. Protura, Thysanura, Blattodea, Curculionidae, Staphylinidae, Isopoda und Pseudoscorpiones in Kap. 7.3.2.). Wahrscheinlich wird sich die Zahl der in beiden Formationen vorkommenden Arten und Gattungen noch erhöhen, wenn die Bergwaldfauna näher untersucht und die taxonomische Bearbeitung der Paramofauna weiter fortgeschritten ist. Zu ähnlichen Schlüssen komt JAHN (1960) für die Fauna von Untersuchungsflächen ober- und unterhalb der Baum- und Waldgrenze in den Tiroler Alpen. Eine gewisse Übereinstimmung war von vorneherein zu erwarten, da eine andine Paramoregion erst seit dem Ausgang des Tertiars zu existieren anfing und die Besiedlung dieser Region ähnlich wie bei den Pflanzen weitgehend aus dem Reservoir der Wald- und Bergwaldarten erfolgt sein dürfte (vergl. CHARDON 1951, HAFFER 1970, VUILLEUMIER 1971, VAN DER HAMMEN, WERNER *et al.* 1973). Andererseits machten der gänzlich andere Aufbau der Grasparamoformation und die dadurch bedingten mikro- und ökoklimatischen Besonderheiten auch Unterschiede in der Fauna wahrscheinlich. Die Vielzahl neuartiger Nischen und die weitgehende Isolation vieler Paramogebiete in Verbindung mit den periodischen eiszeitlichen Klimaänderungen (vergl. Kap. 6.3.) mußten bei der relativen Vielfalt der Paramo- und insbesondere der Arthropodenfauna einen intensiven Prozeß der Unterart- vielleicht auch der Artbildung in Gang gebracht haben, der wahrscheinlich heute noch anhält. Hinweise auf eine solche Entwicklung waren bei *Meinertellus b.* (Thysanura), bei einer Anyphaeniden-Art (Araneae) und einer Diploden-Art festzustellen (vergl. auch DOBZHANSKY 1950, FEDOROV 1966, SCHWEIGER 1969). Hier bietet sich — besonders wenn andere Paramos einbezogen werden — sicher ein weites und dankbares Feld für künftige Untersuchungen. Daneben wäre bei einem Teil der typischen Paramofauna zu prüfen, ob hier nicht Arten vorliegen, die in Teilen geologisch älterer Gebirge oder sonstwo günstige Entstehungs- und Erhaltungsbedingungen gefunden hatten und durch Ausbreitung in die junge Paramoregion gelangt sind (vergl. CHARDON 1951, HAFFER 1970, MÜLLER 1973, S. 50).

Methoden: Während die Charakterisierung der Paramofauna auf Art- und Unterartniveau sicher ein sehr langwieriger und sehr stark von taxonomischen Grundlagen abhängiger Prozeß ist, wurde in dieser Arbeit versucht, eine Grobcharakterisierung durchzuführen, indem a. schwerpunktmäßig die arten- und individuenreiche Meso- und Makrofauna berücksichtigt wurden, b. die charakteristischsten und von der Ausdehnung her wichtigsten Merotope und Strata getrennt und mit verschiedenen Methoden untersucht wurden, c. zunächst nur eine Aufschlüsselung bis zu größeren Gruppen mit möglichst einheitlicher Lebensweise vorgenommen wurde.

Schon dieses Konzept erwies sich für einen einzelnen als relativ aufwendig, so daß nicht alle Untersuchungsmöglichkeiten auf dieser Ebene ausgeschöpft werden

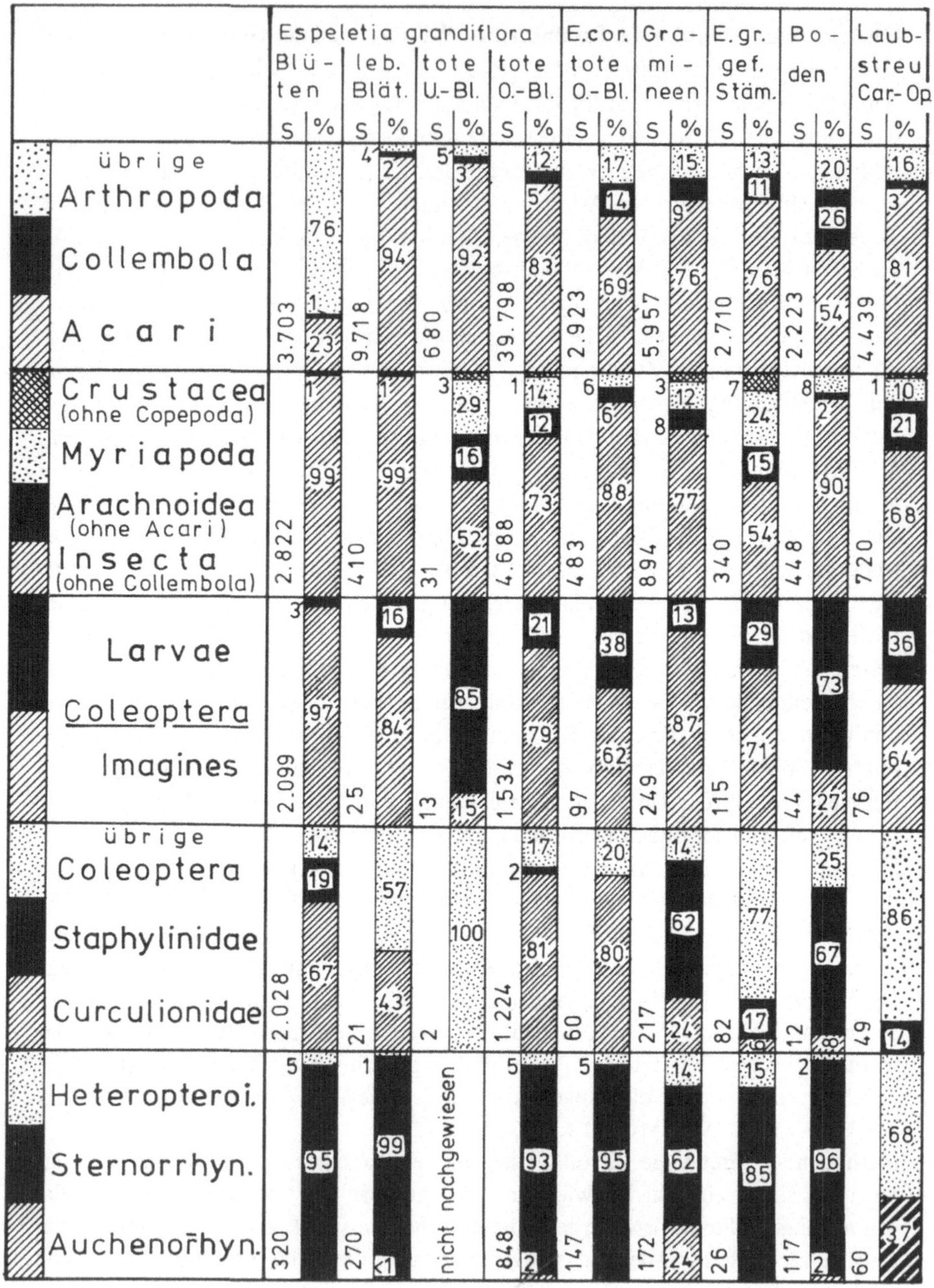

Abb. 18. Charakterisierung verschiedener Merotope im Páramo de Mons. und der Laubstreu eines Regenwaldes im Carare-Opón-Gebiet (Magdalenatal) durch ausgewählte Relationen einiger Arthropodengruppen. Car.-Op. = Carare-Opón. *E. cor.* = *Espeletia corymbosa*, *E. gr.* = *Espeletia grandiflora*, gef. Stäm. = gefallene Stämme, O.-Bl. = Oberblätter, S. = absolute Gesamtzahl der jeweils aufgeschlüsselten Individuen, U.-Bl. =Unterblätter. Laubstreuwerte aus STURM, ABOUCHAAR *et al.* (1970).

102

konnten (zu geringe Unterteilung der Nichtespeletienvegetation, geringe Probenzahl für die Erfassung der Bodenschichtung, der Blattbasen- und der Blattschopf-
fauna von Espeletien). Sie ergibt aber schon genügend Anhaltspunkte für die
Charakterisierung. Insbesondere der Merotop des Blattmantels der Espeletien hebt
sich durch Eigenart und Volumen deutlich ab. Er wird von einer relativ arten-
reichen mesohygrophilen Fauna besiedelt, die z.T. in Abhängigkeit von der Feuchtigkeit wandert (u.a. Isopoden-, Carabiden- und Diplopoden-Arten), z.T. sehr konstant seßhaft und wohl zum Gutteil auch autochthon ist (u.a. Thysanuren-, Cur-
culioniden- und Araneen-Arten). Ihre Gruppenproportionen weisen wenig Verwandtschaft mit der Laubstreufauna des Bergwaldes auf.

Die physiognomische Charakterisierung aufgrund von Abundanz- und Aktivi-
tätsrelationen läßt sich fast beliebig weit differenzieren. Welche Relationen sich als
nützlich erweisen und wieweit die Gruppen aufzuschlüsseln sind, hängt von der
gewünschten bezw. erforderlichen Genauigkeit der Charakterisierung ab. In Abb.
18 sind einige aufschlußreich erscheinende Relationen herausgegriffen, die in ihrer
Kombination schon eine gute Charakterisierung der untersuchten Merotope und
Strata erlauben. Es fehlt noch die konsequente Erweiterung auf andere Ökosysteme und die statistische Sicherung der angeführten Werte aufgrund größerer und
vergleichbarer Probenserien.

Die Vielfalt der angewandten Methoden dürfte im Prinzip die Charakterisierung der Biozönose erleichtern und ist schon wegen der Unterteilung in mehrere
Teilzönosen notwendig. Sie ist jedoch nur sinnvoll, wenn eine strenge Vergleichbarkeit der Daten durch exakt gleiche Durchführung der Methoden gegeben ist.
Leider hat sich diese Standardisierung für ökologische Methoden nur in sehr be-
grenztem Maße durchgesetzt. Wie sehr sich eine unterschiedliche Handhabung
schon auf die BERLESE-Methode auswirkt, hat u.a. BALOGH (1958) herausgestellt. Für die eigene Untersuchung war die Käfersiebextraktion nach Intensität
und Zeit variabel durchführbar. Es wurde jedoch streng darauf geachtet, daß auch
hier ein Standard eingehalten wurde. Da sich subjektive Variationen trotzdem nicht
ausschließen lassen, sollte diese Methode in künftigen Untersuchungen durch eine
besser objektivierbare ersetzt werden. Gut vergleichbar sind dagegen die BARBER-
Fallen-Ergebnisse, da die dazu geäußerten Bedenken (vergl. BOMBOSCH 1962,
SKUHRAVÝ 1970), die Vergleichbarkeit innerhalb der Formolfallenergebnisse
kaum beeinträchtigen. Eine Vergleichbarkeit der Ergebnisse insgesamt ist am
ehesten für eine mit gleichen Methoden durchgeführte Untersuchung im Regenwald des Magdalenatales gegeben (STURM, ABOUCHAAR *et al.* 1970).
Wohndichte: Vergleicht man die Wohndichten mit den im Regenwald des Magdalenatales festgestellten, so ergibt sich ein unterschiedliches Bild. Die Wohndichten
der durch die BERLESE-Methode erfaßten Tiergruppen liegen zwar in den oberen Schichten des Paramobodens (0-5 cm) tiefer als im relativ individuenreichen
Rohhumus des Regenwaldes Typ III aber höher als in der humoslateritischen
Schicht des Typs IV (1197 : 2816 : 428 = Mons. : Typ III : Typ IV). Wegen der
nicht optimalen Extraktionsbedingungen dürften die Regenwaldzahlen insgesamt
etwas zu niedrig liegen, jedoch dürften die des Typ IV, der den Normalfall eines

Regenwaldprofils repräsentiert, die Dichte im Paramo (s. Tab. 10) kaum wesentlich übersteigen. In die gleiche Richtung weisen auch die Ergebnisse von WINTER (1963 S. 406) der für die „Urwaldstreu" eines peruanischen Tieflandwaldes durchschnittlich 893 Tiere pro 500 ml gefunden hat, eine Zahl, die bei Einbeziehung der mineralischen Schichten bis zu einer Tiefe von 5 cm sicher tiefer gelegen hätte. Der starke Abfall der Wohndichte unterhalb von 5 cm Bodentiefe ist auch im Regenwald feststellbar (SCHALLER 1961, GREENSLADE 1968, BECK 1971) und hier mit der relativ scharfen Trennung von Humusauflage und Mineralboden zu erklären.

Im Regenwald erreichen die Formicoidea und die im Paramo gänzlich fehlenden Isoptera beachtliche Abundanzen. Die geringere Beteiligung der Coleoptera (Imagines), Heteropteroidea und Pseudoscorpiones im Paramoboden könnte durch dessen relative Kleinporigkeit mitbedingt sein, da diese Gruppen in anderen Teilen des Paramos gut repräsentiert sind. Gemeinsam ist beiden Bodenfaunen der hohe Anteil an Acari, Collembola und Dipterenlarven. Letztere wurden im Regenwald hauptsächlich durch die qualitativen Methoden erfaßt.

Die Wohndichten in sonstigen Merotopen und Strata von Paramo und Regenwald sind kaum vergleichbar, da sie stark abweichende Bedingungen bieten. So ist der Blattmantel der Espeletien keinesfalls der Laubstreu gleichzusetzen, da er bei den untersuchten Exemplaren von *E. gr.* keinen Bodenkontakt mehr hatte (relative Isolation) und deshalb die für die Laubstreu typische Abstufung des Feuchtigkeitsgrades, des Zersetzungsgrades und der Weite des Lückensystems weitgehend fehlt. Außerdem dürfte zumindest im P. de Monserrate die geringe Durchschnittsfeuchtigkeit des Blattmantels viele Laubstreuarten von einer Dauerbesiedlung ausgeschlossen haben.

Die Gesamtgruppen- und Artenzahl ist zweifellos im Paramo geringer als im Tieflandregenwald. So fehlten im Paramomaterial der Arthropoden gänzlich die Phasmida, Mantodea, Isoptera, Neuroptera und Scorpiones. Die Embioptera, Dermaptera, Formicoidea und Pedipalpi waren nur schwach vertreten. Eine Gruppe, die im Paramo etwa den gleichen Artenreichtum besitzt wie im Regenwald (vergl. VANDEL 1972), jedoch eine größere Individuenabundanz, sind die Isopoden. Sie dürften den Schwerpunkt ihrer Entfaltung im Bergwald haben. Innerhalb der Käfer ist für den Paramo der hohe Anteil der Curculioniden bezeichnend. Sie treten im Regenwald stärker zurück. Bei STURM, ABOUCHAAR et al. (1970 S. 559) stehen sie an 4. Stelle und von SCHUBART und BECK (1968) werden sie unter den mit deutlichem Abstand dominierenden Familien (Staphylinidae, Pselaphidae, Ptiliidae, Carabidae, Scydmaenidae) überhaupt nicht genannt.

Für die **Aktivitätsdichte** an der Bodenoberfläche liegen die im Magdalenatal festgestellten Werte mit 479 Tieren pro Tag und 1000 cm^2 weit über den Paramowerten (72 bzw. 96 Tiere). Hier wirken sich wahrscheinlich u.a. die höhere Durchschnittstemperatur des Regenwaldes, die relativ hohe Wohndichte in der durchgehenden Streuschicht und das Zurücktreten einer die horizontale Aktivität bindenden Krautschicht aus. Andererseits erbrachten Fallen im Rotbuchenwald des Ith (Fangzeit: Ende März bis Anfang Juni, RIEKE unveröff.) nur eine Aktivitätsdichte von 27 Tieren/d. 1000 cm^2, und auch REMMERT (1966) führt z.T. deutlich niedrigere Werte an, so daß die Paramowerte nicht als ungewöhnlich niedrig eingestuft werden dürfen. Die Zusammensetzung der Paramofänge ist charakterisiert durch einen hohen Anteil von Homoptera, insbesondere von Auchenorrhyncha und einen noch überdurchschnittlichen Anteil der Araneae und Diplopoda. Im Regenwald deutlich stärker vertreten sind die Isoptera, Coleoptera und Formicoidea. Schon wegen des eng begrenzten Fangzeitraums im Regenwald sind diese Unterschiede mit Vorsicht zu deuten.

Ähnlich hoch liegen die Unterschiede für die Luftfallenergebnisse im Páramo de Mons. und im Regenwald des Magdalenatales mit 62 : 365 für die Fallen in 6 + 36 cm Höhe (Mittelwert) und 32 : 148 für die 66 cm-Fallen. Die Differenzen sind wohl z.T. ähnlichen Gründen zuzuschreiben wie sie beim Vergleich der Oberflächenaktivitätsdichte erörtert wurden. Daneben wirkte sich wahrscheinlich der hohe Anteil der durch die Fallen relativ gut erfaßten Käfer in der Boden- und Laubstreufauna, die schlechtere Sichtbarkeit der Ablenkscheiben im Halbdunkel des Regenwaldes, eine evtl. relativ starke nächtliche Aktivität und eine Begünstigung des Fliegens durch die dort vorherrschende Windstille aus. Die Zahl der gefangenen Arthropodengruppen war im Regenwald mehr als doppelt so hoch wie im Paramo.

Insgesamt gesehen zeigt die Regenwaldfauna im Durchschnitt eine größere Gruppenmannigfaltigkeit und Aktivitätsdichte während ein Vergleich der Abundanzen z.T. wegen der fehlenden Entsprechungen der Kleinlebensräume kein so eindeutiges Ergebnis liefert. Im Vergleich mit der Wiesen- und Waldfauna Mitteleuropas — soweit überhaupt vergleichbare Daten zur Verfügung stehen — (vergl. MURPHY 1953, SCHALLER 1961, BRAUNS 1968) kann die Paramofauna weder im Hinblick auf Artenzahl noch auf Wohn- und Aktivitätsdichte als deutlich verarmt oder einseitig bezeichnet werden. Für exakte Vergleiche, in die auch die Bergwaldregion und Grasparamos fern der Waldgrenze einbezogen werden müßten, fehlen z.Z. noch die Grundlagen. Periodische Abundanz- und Aktivitätsschwankungen von Arten und Gruppen waren selten (vergl. Kap. 7.3.2. und 7.4.). Da der Beobachtungszeitraum im Paramo nur wenig länger war als ein Jahr, konnte nicht scharf zwischen unregelmäßigen Populationsschwankungen und regelmäßigen Zyklen unterschieden werden. Am deutlichsten waren die Schwankungen bei einigen an Espeletienblüten vorkommenden Arten. Eine von Regen- und Trockenzeiten abhängige Periodizität wie sie BECK (1964) und HÜTHER (1966) für Bodentiere in El Salvador beschreiben, war in keinem Fall zu sichern.
Ernährungsbeziehungen: Von Konsumenten und Destruenten wird die pflanzliche Nettoproduktion zunächst nur unvollständig genutzt. Der beste Beweis sind die Mäntel aus abgestorbenen Blättern der Espeletien, die über mehr als 10 Jahre großenteils erhalten bleiben können, wobei der Substanzverlust in den untersten Ringen wohl mehr durch Verwitterung und mechanischen Beanspruchung als durch Tierfraß zustande kommt. Damit ergibt sich die Frage nach der Nahrungsgrundlage der differenzierten Fauna innerhalb des Blattmantels: Die Vermutung, daß der dichtfilzige Haarbelag (Abb. 19) für die Ernährung der Detritophagen eine

besondere Rolle spielt, wird durch folgende Beobachtungen gestützt:

a. Die typisch detritophagen Oribatiden (vergl. STRENZKE 1952) kommen auf lebenden Espeletienblättern schon in größeren Mengen vor, was bei unbehaarten oder schwach behaarten Pflanzen noch nie festgestellt werden konnte. Ihre Zahl steigt, nachdem die Blätter ausgewachsen sind, d.h. die Haare in größerem Umfang absterben und erreicht ihr Maximum mit dem Absterben des gesamten Blattes (Tab. 18).

b. Im Darminhalt von *Meinertellus b.* (Thysanura) und von 3 der häufigsten Käferarten (darunter auch 3 Exemplaren von *Ulosominus* n. sp.) wurden Teile des schwärzlichen Belags festgestellt, der sich auf dem Haarfilz älterer Blätter bildet und aus verfilzten Haaren, Pilzhyphen, Pilzsporen und gelegentlich auch Algen besteht. Das Maximum der Milbenabundanz auf den obersten Ringen der abgestorbenen Blätter könnte mit dem relativ hohen Wassergehalt dieser Blätter (vergl. Tab. 17) und der damit verbundenen Begünstigung der Destruentenflora zusammenhängen. Denkbar wäre auch, daß vorzugsweise in dieser Region angewehte organische Substanz (z.B. Pollen) festgehalten und direkt oder indirekt von Tieren genutzt wird. Wie hoch der Anteil von Algen an der Mikroflora ist, müßte überprüft werden. Makroskopisch sind nur Flechten deutlich, die sich auf den ältesten Ringen ansiedeln. Auch Fraßspuren an lebenden Teilen sind entweder unauffällig

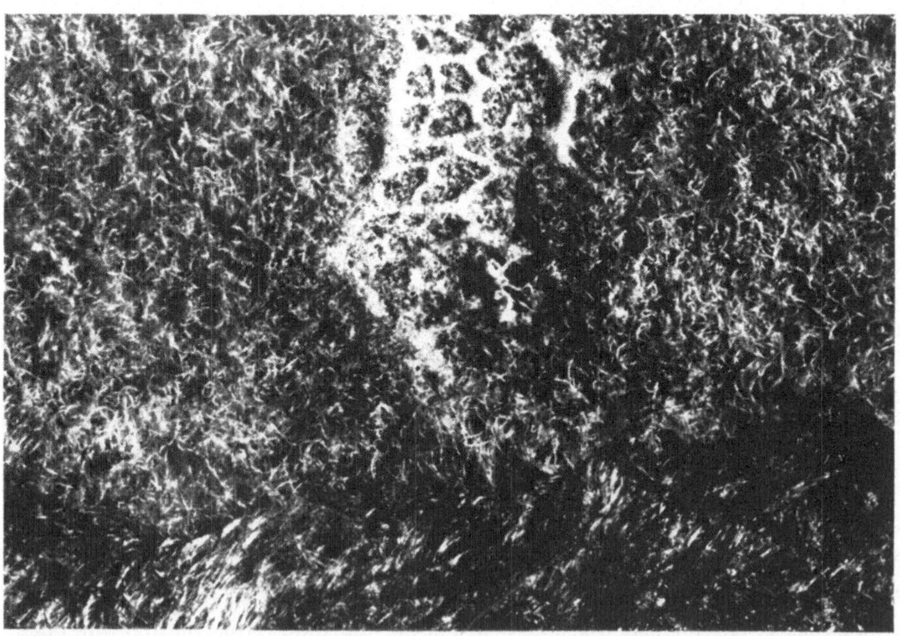

Abb. 19. Aufsicht auf die Spreitenoberseite eines abgestorbenen Blattes aus dem Blattmantel von *Espeletia gr.* Mitte oben kahle Stelle mit weiß hervortretenden Blattadern und punktförmigen Haarnarben. Rechts und links von der Kahlstelle rauher, wenig verklebter Haarfilz. Bei unterem Rand: Haarenden durch einen grauen bis schwärzlichen Belag verklebt. Nähere Erläuterung s. Text. Breite Kahlstelle ca. 2,5 mm, Zwischenraum Belag – Blattepidermis ca. 1 mm.

oder auf vereinzelte Exemplare beschränkt (vergl. Abb. 14). Erst wenn abgestorbene Teile in Kontakt mit der Bodenfeuchtigkeit kommen und durch Bakterien und Pilze vorzersetzt sind, werden sie anscheinend schneller von Vertretern der Bodenfauna weiterverarbeitet.

Bei einer groben Abschätzung von Abundanz und Biomasse der verschiedenen Ernährungsgruppen für den am besten untersuchten Merotop des abgestorbenen Blattmantels von Espeletien ergeben sich folgende Werte (bezogen auf den Blattmantel einer Espeletie, Trockengewicht des Mantels ca. 2 kg):

	Wohndichte	Biomasse
Detritophagen + Mikrophagen	914 (88%)	420 mg (73%)
Phytophagen	19 (2%)	72 mg (12,5%)
Zoophagen	105 (10%)	84 mg (14,5%)
Summe	1038 (100%)	576 mg (100%)

Durch das Überwiegen der relativ kleinen Oribatiden unter den Detritophagen ist der Abundanzanteil dieser Gruppe deutlich höher als ihr Biomasseanteil. Umgekehrt bei den Phytophagen, unter denen die relativ großen pflanzensaugenden Ortheziiden den Hauptanteil stellen. Ihr häufiges Vorkommen im toten Blattmantel ist schwer zu erklären. Möglicherweise benutzen sie den Mantel nur als Unterschlupf und saugen an lebenden Teilen oder sie stechen epiphytische Algen bzw. Pilzhyphen an, die sich auf bzw. in den toten Espeletienblättern entwickeln. Unter den Zoophagen stehen die Araneae im Hinblick auf Biomasse an 1. Stelle.

Insgesamt scheint also die Tendenz vorzuherrschen, daß die lebende Pflanzensubstanz wenig genutzt wird. Auch die in der Nichtespeletienvegetation häufigeren Auchenorrhyncha, Aphididae, Saltatoria und z.T. auch Coleoptera ändern insgesamt wenig an dieser Feststellung. Unter den Detritophagen, die mikrobiell vorzersetztes feuchtes Pflanzenmaterial verarbeiten, stellen die Enchytraeiden den Hauptanteil der Biomasse. Die Gesamtleistung der Detritophagen im typischen schwarzen Paramoboden reicht aus, um das anfallende tote Pflanzenmaterial aufzuarbeiten, relativ gleichmäßig mit dem Mineralboden zu vermischen und so Rohhumusansammlungen zu verhindern. Der abgeschwemmte Anteil der toten Pflanzensubstanz läßt sich z.Z. schwer abschätzen.

Zusammenfassend läßt sich sagen, daß der Anteil der wichtigsten am Stoffwechsel des Ökosystems beteiligten Gruppen, von dem vielleicht relativ geringen Anteil der echten Phytophagen abgesehen, ausgeglichen ist und sich dadurch sehr deutlich von extremen und einseitigen Ökosystemen, wie sie z.B. REMMERT (1966) charakterisiert, abhebt.

Die **Eigenart** des im Paramo de Monserrate untersuchten Ökosystems ist, pauschal betrachtet, anscheinend mehr durch Boden, Ökoklima und Vegetation bedingt als durch die Fauna, die, soweit es z.Z. zu überblicken ist, stärkere Verwandtschaftsbeziehungen zur Bergwald- und sogar Tieflandfauna aufweist. Spezifika der Fauna dürften besonders auf Artniveau und in den Gruppenrelationen innerhalb der Strato- und Merozönosen in Erscheinung treten.

Eine starke Dezimierung und Verarmung der Fauna wird insbesondere durch das Abbrennen bewirkt. Nach Beobachtungen in den Paramos von El Palacio und Chisacá dürfte sich die Blattmantelfauna nach einem solchen Eingriff nur langsam und unvollständig erholen.

8. KURZFASSUNGEN

8.1. Zusammenfassung

a. Es wird versucht, den seither verschieden umschriebenen Begriff „Paramo"
näher zu definieren und dadurch u.a. die Paramovegetation gegen die des Ericaceengürtels abzugrenzen. Die Espeletienfluren als charakteristischster Teil der unteren Paramoregion werden näher beschrieben.

b. Die eigenen Untersuchungen (II.68-IV.69) konzentrierten sich auf den Páramo
de Monserrate, 3230 m über NN und ca. 3 km vom östlichen Stadtrand Bogotás
entfernt.

c. Im Untersuchungsgebiet (= Ug.) wurde vom April 1968 bis April 1969 ein
Jahresniederschlag von 1251,4 mm gemessen. Niederschlagsmessungen aus anderen Paramos und paramonahen Gebieten werden zum Vergleich herangezogen.
Dabei fallen die geringen Jahresmengen in den venezolanischen Paramos auf (Minimum 676 mm). Die zeitliche Verteilung der Niederschläge und die Anzahl der
ariden Monate (maximal 3) werden erörtert.

d. Die relativen Feuchtigkeiten im Ug. wurden während eines halben Jahres mit
Hilfe eines Feuchtigkeitsschreibers registriert. Die Mittelwerte der r.F. lagen für
das Ug. höher als für Bogotá. Die Differenzen zwischen Maxima und Minima
waren im Ug. größer. Ein Einfluß dieser starken Schwankungen sowie der entsprechenden Strahlungs- und Temperaturwerte auf die Paramobiozönosen wird
wahrscheinlich gemacht.

e. Die mittlere Temperatur für das Ug. (IV.-X.68) lag bei 8,4 Grad C. Auffällig
waren die im Vergleich zu Bogotá weniger ausgeprägten Differenzen zwischen
Mittelwerten und Minima und die stärkeren Differenzen zwischen Mittelwerten
und Maxima. Anhand von Vergleichsdaten wird erörtert, wieweit diese Tendenz,
die auf eine verminderte nächtliche Ausstrahlung bei zeitweise stärkerer täglicher
Einstrahlung hinweist, für die Paramoregion allgemein gelten könnte.

f. Mit Maximum-Minimum-Thermometern durchgeführte Messungen zum Mikroklima zeigten die erwartete Zunahme der Temperaturschwankungen in Bodennähe
mit Bodenoberflächentemperaturen bis ca. 55 Grad C und die stark isolierende
Wirkung des toten Blattmantels der Espeletien sowie der Basalteile der Grashorste.

g. Strahlungs-, Wind- und Bewölkungsverhältnisse werden kurz anhand der vorliegenden dürftigen Daten diskutiert.

h. Verschiedene Eigenschaften des für die untere Paramoregion typischen und
nur wenig untersuchten schwarzen Paramobodens werden erörtert. Als Gemeinsamkeiten werden neben der Farbe der niedrige P_H-Wert, der hohe Gehalt an fein
zerteilten organischen Stoffen, die hohe Wasserkapazität, das Fehlen von Aus-
waschungshorizonten und evtl. der im Vergleich zum Kalium- und Stickstoffgehalt

sehr niedrige Phospohorgehalt herausgestellt. Es wird jedoch betont, daß u.a. wegen des Vorkommens der Böden unter sehr verschiedenen Pflanzengesellschaften und auf sehr verschiedenem Untergrund die Zugehörigkeit zu einem bestimmten Bodentyp nicht gefolgert werden kann. Die Ergebnisse einer erstmalig durchgeführten systematischen Erfassung der gut entwickelten Bodenfauna werden kurz besprochen.

i. Die Untersuchung der Mikromorphologie des Bodens im Ug. anhand von Dünnschliffen gibt keinerlei Hinweise auf die Beteiligung vulkanischer Produkte und bestätigt das Fehlen von Podsolierungserscheinungen. Das besonders in den oberen Schichten gut ausgebildete und überwiegend kleinräumige Hohlraumgefüge wird wesentlich durch gut erhaltene Losungspartikel der Meso- und Makrofauna (u.a. wahrscheinlich von Enchytraeen) mitbestimmt. An der Zersetzung organischer Reste sind Pilze stark beteiligt. Aufgrund der Schliffe ist der Bodentyp zwischen Moderranker und Pechtorf (KUBIENA 1953) einzustufen.

j. Die in oder nahe dem Ug. gefundenen Kormophytenarten (insgesamt 103) werden aufgeführt. Das Problem der Waldgrenze wird speziell im Hinblick auf die Paramoregion und das Ug. erörtert. Aufgrund von Schätzungen der Artmächtigkeit nach BRAUN-BLANQUET (1964) werden Strauch- und Grasparamoteile unterschieden. Beide Ausprägungen unterscheiden sich auch charakteristisch durch die verschiedenen Anteile an Lebens- und Wuchsformen.

k. Die im Ug. häufige und für den Paramo typische *Espeletia grandiflora* H. et B. wird im Hinblick auf Verteilung, Nettoproduktion und Blühperiodizität vergleichend besprochen.

l. Für die Zoozönosen wurde eine physiognomische Betrachtungsweise (vergl. VOLZ 1964) und eine an Merotopen und Strata orientierte Erfassung angestrebt. Eine darauf abgestimmte Kombination mehrerer Aufsammlungs- und Auslesemethoden (u.a. BERLESE- und BAERMANN-Methode) mit quantitativ auswertbaren Ergebnissen wird begründet und diskutiert.

m. Es wird ein Überblick über die wenig bis kaum bekannte Paramofauna, insbesondere die Arthropodenfauna, gegeben. Abschließende Bearbeitungen liegen für die Isopoden, Proturen und Thysanuren vor.

n. Die Verteilung der Individuenabundanzen der Meso- und Makrofauna auf verschiedene Merotope und Strata wird — unter besonderer Berücksichtigung der an *Espeletia gr.* vorkommenden Arthropodenfauna — dargestellt und besprochen. Die Fauna zwischen den abgestorbenen Blättern der größeren Espeletien wird als relativ isoliert, charakteristisch und nur sehr begrenzt mit der Laubstreufauna vergleichbar herausgestellt.

o. Die mit Hilfe von BARBER- und Luftfallen ermittelten Aktivitätsdichten werden diskutiert.

p. Die Ergebnisse werden abschließend im Hinblick auf die Beteiligung der großen Ernährungsgruppen sowie auf die Entwicklung und Eigenständigkeit der Fauna besprochen. Danach ist für die relativ reiche Fauna — im Gegensatz zur Flora — weniger die artliche Zusammensetzung charakteristisch als vielmehr die

relativ konstanten Gruppenrelationen innerhalb der z.T. sehr spezifischen Biotop-
elemente.

8.2. Summary

a. It is attempted to define the concept „paramo" which has hitherto variously
described, more exactly and to demarcate thereby the paramo vegetation from
that of the Ericaceous Belt. The plant communities with *Espeletia* as a characteristic part of the lower paramo region are described more in detail.
b. My own investigations (II.68-IV.69) were concentrated on the Páramo de
Monserrate, 3230 m above sea level and some 3 km from the eastern limit of the
city of Bogotá.
c. In the twelve months from April 1968 the yearly precipitations in the area of
investigation was determined to be 1251.4 mm. Other data from different paramos and neighbouring areas were compared with this value. The low quantities
measured in the paramos of Venezuela (minimum 676 mm) are striking. The
distribution of precipitation during a year and the number of arid months (at
most 3) are discussed.
d. The relative humidity in the area was registered during more than 6 months by
means of an hygrograph. The mean data of r. h. were higher for the area than for
Bogotá. The variations between minima and maxima were greater for the area. It
is likely that these great variations of the r. h. in connection with the corresponding extreme values of radiation and temperature have an influence on the paramo
biocenosis.
e. The mean temperature in the area (IV.-X.68) was 8.4 degrees C. In comparison
with those of Bogotá, the temperatures showed conspicuously more difference
between mean and maximum values and less difference between mean and minimum values. On the basis of comparable data the degree to which this tendency,
which indicates a decreased nightly emission with occasionally increased daytime
immission, could be valid for all paramo regions is discussed.
f. Measurements concerning the microclimate carried out with maximum and
minimum thermometers demonstrated the expected increase of variations of temperature near the soil surface with surface temperatures up to 55 degrees C, and
the effect of insolation of the mantle of dead leaves of the Espeletias and of the
lower parts in the tufts of Gramineae.
g. The scanty data of radiation, wind and cloudiness are discussed in brief.
h. Different properties of the little investigated black coloured paramo soil which
is typical for the lower paramo region are discussed. As common properties in
addition to the colour, the low p_H-value, the high content of finely dispersed
organic material, the high water capacity, the lack of eluvial horizons and the
probably low contents of phosphorus in comparison with the contents of potas-
sium and nitrogen are set forth. But on account of the occurrence of the soils

under very different plant communities and on very different subsoils, the paramo soils do not necessarily belong to a specific type. The results of systematic collection of the soil fauna carried out for the first time are discussed briefly.

i. The investigations about the micromorphology of the soil by means of thin sections do not give any hints of the participation of volcanic material and confirm the lack of podsolic effects. The cavernous system, especially well developed in the upper layers and mostly narrow, is formed to essential parts by the fecal particles of the meso- and macrofauna (probably Enchytraeidae and others). The decomposition of organic matter is to a large part carried out by fungi. Based on the thin sections the soil type can be determined as between „Moderranker" and „Pechtorf" (KUBIENA 1953).

j. The species of cormophyta (103) collected in or near the area are listed. The question of the forest limit is discussed in relation to the paramo region and the area. Based on estimations of the „Artmächtigkeit" (BRAUN-BLANQUET 1964), shrub paramo and grassland paramo are distinguished. Both types differ characteristically in the different proportions of life forms and growth forms.

k. The plant species *Espeletia grandiflora* H. et B., common in the area and very characteristic is described with regard to distribution within the area, net production and periods of flowering.

l. For the zoozenosis a physiognomical view (VOLZ 1964) and a collection orientated towards merotopes and strata was aimed at. A combination of various methods for collecting and extraction corresponding with this intention (among others BERLESE- and BAERMANN method) and supplying quantitative results is established and discussed.

m. A general view is given of the little to very little known paramo fauna, especially the fauna of arthropods. Publications exist about Isopoda, Protura and Thysanura.

n. The distribution of individual abundances of the meso- and macrofauna in the different merotopes and strata is presented and discussed, especially the arthropod fauna of *Espeletia gr.* The fauna between the dead leaves of the bigger Espeletias is pointed out to be relatively isolated, characteristic, and only with great reserve comparable with the litter fauna.

o. The densities of activity registred by means of BARBER-traps and air traps are presented and discussed.

p. In conclusion the results are discussed in view of the participation of the great nutritional groups and of evolution and pecularities of the fauna. According to that, the composition by species is less specific for the relatively rich fauna – in contrast to the flora – than the relations of groups wich are relatively constant within the partly very characteristic elements of the biotope.

8.3. Resumen

a. Se trata de dar una mayor aproximación a una definición del término „páramo" que hasta al presente no está delimitado exactamente, entre otros hacia el cinturón de Ericaceas. Los campos de Espeletias (frailejones), característicos de las regiones inferiores paramunas son descritos más detalladamente.

b. Las investigaciones (febrero de 1968 hasta abril de 1969) se realizaron en el Páramo de Monserrate a 3.230 m. s.n.m. y a una distancia de 3 km. del límite oriental de la ciudad de Bogotá.

c. En el área de investigación desde abril de 1968 se determinó una precipitación anual de 1.251,4 mm, que son comparados con los datos de otros páramos especialmente con los de páramos venezolanos (mínima 676 mm.). Se discute la distribución de las precipitaciones durante el año y el número de los meses áridos (en máximo 3).

d. La humedad relativa en el área se registró durante más que medio año por medio de un higrógrafo. Los valores medios de la h.r. fueron superiores a los correspondientes de Bogotá. Las diferencias entre máxima y mínima eran más grandes en el páramo que en Bogotá. Se deduce de estas fuertes oscilaciones y de los correspondientes valores de radiación y temperatura, una probable influencia sobre la biocenosis del páramo.

e. La temperatura media del área (abril a octubre de 1968) fué de 8,4° C. Llama la atención en comparación con Bogotá la diferencia entre los valores promedios y las mínimas por un lado y las diferencias más grandes entre los valores promedios y las máximas por el otro lado. En base de datos comparativos se discute hasta donde esta tendencia es índice de una radiación nocturna reducida, a la vez de una radiación diurna periódicamente bastante más intensa y sea válida para todas las regiones paramunas.

f. Los valores obtenidods con termómetros de máxima y mínima indican el esperado aumento de la oscilación de la temperatura a poca altura sobre la superficie del suelo con temperaturas superficiales hasta de 55°C, y a la vez el efecto aislador que ejercen las hojas muertas de las Espeletias y las partes inferiores de las gramíneas.

g. Los aspectos de radiación, viento y nubosidad son discutados a base de los escasos datos de que se disponía hasta al presente.

h. Se discuten varias propiedades del suelo negro del páramo que es bastante típico para la región paramuna inferior y queda hasta ahora poco investigado. Como rasgos comunes además del color llaman la atención el valor de p_H bajo, el gran porcentaje de sustancias orgánicas finamente dispersas, la alta capcidad de almacenar agua, la ausencia de horizontes eluviales y posiblemente el contenido muy bajo en fósforo en relación con el contenido de potasio y nitrógeno. Sin embargo es conveniente recalcar que no puede establecerse un suelo típico del páramo en general porque se encuentra junto con variadas comunidades de vegetales y muy diferentes tipos de subsuelos. Se analizan brevemente los resultados de la recolección sistemática de la fauna del suelo.

i. Los análisis sobre la micromorfología del suelo del área no indican que productos volcánicos participen en su formación y confirman la falta de fenómenos de podsolización. El sistema de cavidades bastante fino y bien desarollado especialmente en las capas superiores del suelo se forma esencialmente por las partículas fecales bien conservadas de la meso- y macrofauna (entre otros probablemente Enchytraeidae). En la decomposición de los depojos orgánicos contribuyen especialmente los hongos. A base de cortes delgados del suelo el tipo de suelo del área tiene que ponerse entre „Moderranker" y „Pechtorf" (KUBIENA 1953).

j. Se encontraron en el área y zonas cercanas alrededor de 103 especies de cormófitos. Se plantea el problema del límite del bosque en relación a la región paramuna y el área estudiada. A base de evaluaciones según BRAUN-BLANQUET (1964) se pueden distinguir dos tipos de páramos, el de gramíneas y el de arbustos. Estos tipos de vegetación se distinguen entre si por las relaciones diferentes de formas de vida y de formas de crecimiento.

k. La *Espeletia grandiflora* H. et B., especie abundante y típica de la región paramuna se la analiza teniendo en cuenta su distribución dentro del área, producción neta y periodicidad de floración.

l. Para la biocenosis se delimitó a una vista fisiognómica (VOLZ 1964) y a una recolección orientada en merotopos y estratos. Con una combinación de varios métodos de recolección y selección que correspondió a esa intención (entre otros los métodos de BERLESE y BAERMANN) se obtuvieron resultados cuantitativos que se analizan y discuten.

m. Se hace una descripción general de la fauna paramuna, hasta ahora poco conocida, especialmente en cuanto a la fauna de artrópodos. Existen trabajos definitivos sobre los grupos de Isopoda, Protura y Thysanura.

n. La distribución y abundancia de los individuos de la meso- y macrofauna en diferentes merotopos y estratos se analiza en relación a la fauna de artrópodos presentes en *Espeletia grandiflora*. La fauna que existe entre las hojas muertas de las Espeletias mayores se encuentra relativamente aislada, es característica y delimitada en comparación con la fauna de hojarasca selvática.

o. Se analizan los resultados de la densidad de actividad de la macrofauna obtenidos mediante las trampas de BARBER y trampas de aire.

p. Los resultados se analizan finalmente teniendo en cuenta la abundancia y biomasa de los grandes grupos alimenticios de acuerdo a la evolución y las peculiaridades de la fauna. Según esto, la fauna relativamente rica está caracterizada, en contraposición a la flora, no tanto por la variedad de sus especies como por las relaciones de grupos que son bastante constantes dentro de los elementos específicos del biotopo.

9. LITERATUR

ANDERSON, J.E. & S.J. MAC NAUGHTON (1973): Effects of low soil temperature on transpiration, photosynthesis, leaf relative water content and growth among elevationally diverse plant populations. – *Ecology* 54 (6): 1220-1233, Durham N.C.

ALVAREZ L.L., J. (1939): La radiación solar en la sabana de Bogotá. – *Rev. Acad. Colomb. Cienc. Ex. Fis. y Nat.* 3 (9/10): 112-155, Bogotá.

ARISTEGUIETA, L. & M. RAMIA (1953): Vegetación del Pico de Naiguatá. – *Bol. Soc. Venezol. Cienc. Nat.* 15 (79): 31-53, Caracas.

Atlas de Colombia (1969) 2. Aufl. Inst. Geogr. A. Codazzi, Bogotá.

BABEL, U. (1965): Die Ansprache von Pflanzenresten im mikroskopischen Präparat von Humusbildungen. – *Z. Pflanzenern. Düngung Bodenk.* 109 (1): 17-26. Weinheim/Bergstr.

—— (1968/69): Enchytraeen – Losungsgefüge in Löß. – *Geoderma* 2: 57-63, Amsterdam.

BADEN, W., H. KUNTZE *et al.* (1969): Bodenkunde. Stuttgart.

BAL, L. (1973): Micromorphological Analysis of Soils. Lower Levels in the organization of organic soil materials. – *Soil Survey Papers* 6: 1-174, Wageningen.

BALOGH, J. (1958): Lebensgemeinschaften der Landtiere. Berlin.

BARBER, H. (1931): Traps for cave-inhabiting insects. – *J. Elisha Mitchell Sci. Soc.* 46: 259-266.

BARCLAY, H.G. (1963): Human ecology of the paramos and the punas of the High Andes. – *Proc. Oklahoma Acad. Sci.* 43: 13-34.

BARRIGA V., A.M. (1956): Las heladas en la sabana de Bogotá. – *Rev. Acad. Colomb. Cienc. Ex. Fis. y Nat.* 9 (36/37): 274-279, Bogotá.

BECK, L. (1964): Tropische Bodenfauna im Wechsel von Regen- und Trockenzeit. – *Natur u. Mus.* 94 (2): 63-71.

—— (1971): Bodenzoologische Gliederung des amazonischen Regenwaldes. – *Amazoniana* 3 (1): 69-132.

BEEK, K.J. & D.L. BRAMAO (1968): Nature and Geography of South American Soils. In: Biogeography and Ecology in South America Bd. 1: 82-112, The Hague.

BERENYI, D. (1967): Mikroklimatologie. Stuttgart.

BILLINGS, W.D. (1973): Arctic and alpine vegetations: similarities, differences, and susceptibility to disturbance. – *Bioscience* 23 (12): 679-704.

BILLINGS, W.D. & H.A. MOONEY (1968): The ecology of arctic and alpine plants. – *Biol. Rev.* 43: 481-529.

Biogeography and Ecology in South America. Hrsg. E.J.FITTKAU, J. ILLIES *et al.* Bd. I 1968, Bd. II 1969, The Hague

BLUETHGEN, J. (1966): Allgemeine Klimageographie. Berlin.

Boletin informativo (1963), Empresa de Acueducto y Alcantarillado. Bogotá.

Boletin meteorológico mensual (1968 + 1969), Servicio Colombiano de Meteorologia e Hidrologia Nr. 1-24, Bogotá.

BOMBOSCH, S. (1962): Untersuchungen über die Auswertbarkeit von Fallenfängen. – *Z. angew. Zool.* 49: 149-160.

BRAUN-BLANQUET, J. (1964): Pflanzensoziologie, Grundzüge der Vegetationskunde. 3. Aufl. Wien-New York.

BRAUNS, A. (1968): Praktische Bodenbiologie. Stuttgart.

CALHOUN, F.G., V.W. CARLISLE & C. LUNA (1972): Properties and Genesis of selected Columbian Andosols. – *Soil Sci. Soc. Am. Proc.* 36: 480-485.

CARDOZO, G., H. & M.-L. SCHNETTER (1976): Estudios ecológicos en el Páramo de Cruz Verde, Colombia III: La biomasa de tres asociaciones vegetales etc. – *Caldasia* 11 (54): 69-83. Bogotá.

CHARDON, C.E. (1951): Apuntaciones sobre el origen de la vida de los Andes. – *Rev. Acad. Colomb. Cienc. Ex. Fis. y Nat.* 8 (30): 185-202, Bogotá.

COE, M.J. (1967): The ecology of the alpine zone of Mount Kenya. The Hague.

COLEMAN, A.P. (1935): Pleistocene glaciations in the Andes of Colombia. – *Geogr. J.* 86 (4): 330-334, London.

COTTON, A.D. (1943): The megaphytic habit in tree Senecios and other genera. – *Proc. Linn. Soc. London 156.* Sess.: 158-168, London.

CUATRECASAS, J. (1934): Observaciones geobotánicas en Colombia. – *Trabajos Mus. Nac. Cienc. Nat. Ser. Bot.* 27: 1-144, Madrid.

— (1949): Rosette Trees, a tropical growth form. – *Bull. Chicago Nat. Hist. Mus.* 20 (10): 6-7.

— (1950): Frailejonal, típico cuadro de la vida vegetal en los páramos andinos. – *Rev. Acad. Colomb. Cienc. Ex. Fis. y Nat.* 7: 457-461, Bogotá.

— (1954): Distribution of the genus Espeletia. – VIIIe, Congrès Intern. Bot. Rap. et Commun. Sect. IV: 131, Paris.

— (1968): Paramo vegetation and its life forms. – *Colloqu. Geogr.* 9: 163-186, Bonn.

— (1976): A new Subtribe in the Heliantheae (Compositae: Espeletiinae. – Phytologica 35(1): 43-61. Plainfield, U.S.A.

DIELS, L. (1934): Die Paramos der äquatorialen Hoch-Anden. – *Sitzungsber. Preuß. Akad. Wiss. Phys. Math. Kl.* 1934: 57-68.

— (1937): Beiträge zur Kenntnis der Vegetation und Flora von Ecuador. – *Bibliotheca Botanica* 29 (116): 1-190.

DOBZHANSKY, TH. (1950): Evolution in the Tropics. – *American Scientist* 38: 209-221.

DOCTERS VAN LEEUWEN, W.M. (1933): Biology of plants and animals occuring in the higher parts of Mount Pangrango-Gedeh in West-Java. – *Verh. Koninkl. Akad. Wet. Amst. Natuurk. Sect.* 2, 31: 1-270, Amsterdam.

DOLLFUS, O. (1973): La Cordillère des Andes, présentation des problèmes geomorphologiques. – *Rev. Géogr. Phys. Géol. Dynam.* 15 (1/2): 157-176, Paris.

DUNN, E.R. (1944): The lizard genus *Phenacosaurus.* – *Caldasia* 11: 57-62. Bogotá.

EIDT, R.C. (1952): La climatología de Cundinamarca. – *Rev. Acad. Colomb. Cienc. Ex. Fis. y Nat.* 8 (32): 489-502, *Bogotá.*

— (1968): The Climatology of South America. In: Biogeography and Ecology in South America Bd. 1: 54-81, The Hague.

ELLENBERG, H. (1956): Aufgaben und Methoden der Vegetationskunde. In: WALTER, H.: Einführung in die Phytologie Bd. IV/1, Stuttgart.

— (1958): Wald oder Steppe? Die natürliche Pflanzendecke der Anden Perus. – Umschau Wiss. u. Techn. Heft 21/22: 645-648, 679-681, Frankfurt/M.

— (1966): Leben und Kampf an den Baumgrenzen der Erde. – *Naturw. Rundsch.* 19: 133-139, Stuttgart.

— (1975): Vegetationsstufen in perhumiden und perariden Bereichen der tropischen Anden. – *Phytocoenologia* 2 (3/4): 368-387, Stuttgart-Lehre.

— & D. MUELLER-DOMBOIS (1967): A key to Raunkiaer plant life forms with revied subdivisions. – *Ber. Geobot. Forschinst. Rübel Zürich* 37: 56-73, Zürich.

ESPINAL T., L.S. & E. MONTENEGRO M. (1963) Formaciones vegetales de Colombia. Memoria explicativa sobre el Mapa ecológico. – Inst. Geogr. A. Codazzi, Bogotá.

ESPINOSA, R. (1932): Ökologische Studien über Kordillerenpflanzen. – *Bot. Jb.* 65: 120-211, Stuttgart.

FASSL, A.H. (1914): Tropische Reisen VI. Die Hochkordillere von Bogotá. – *Entom. Rdsch.* 31: 97-100, 104-105.

FEDOROV, A.A. (1966): The structure of the tropical rain forest and speciation in the humic tropics. – *J. Ecol.* 54 (1): 1-11.

FLOHN, H. (1955): Zur vergleichenden Meteorologie der Hochgebirge. – *Arch. Meteor. Geoph. u. Bioklim. Ser. B.* 6: 193-206.

— (1968): Ein Klimaprofil durch die Sierra Nevada de Mérida (Venezuela). – *Wetter und Leben* 20 (9/10): 181-191, Wien.

— (1971): Arbeiten zur allgemeinen Klimatologie. Darmstadt.

FOSBERG, F.R. (1944): El Páramo de Sumapaz, Colombia. – *J. New York Bot. Garden* 45: 226-234.

FRANZ, H. (1950): Bodenzoologie als Grundlage der Bodenpflege. Berlin.

— (1962): Habitat characteristics with particular reference to the soil. In: MURPHY, P.W. Progress in Soil Zoology 311-318, London.

— (1975): Die Bodenfauna der Erde in biozönotischer Betrachtung. 2 Bde. Wiesbaden.

FREI, E. (1964): Micromorphology of some tropical mountain soils. In: JONGERIUS (Hrsg.): Soil Micromorphology 307-311, Amsterdam.

GARAVITO, A. (1940): El clima de Bogotá. – *Rev. Acad. Colomb. Cienc. Ex. Fis. y Nat.* 3 (12): 361-372, Bogotá.

GEYGER, E. & W. BECKMANN (1967): Untersuchungen zur Struktur eines Braunlehms unter montanem immergrünem Regenwald in Perú. – *Zeiss- Mitt.* 4 (5): 185-207, Oberkochen/ Württbg.

GOEBEL, K. (1891): Die Vegetation der venezolanischen Páramos In: Pflanzenbiologische Schilderungen 2 (1): 1-50.

GONZALEZ, E., T. VAN DER HAMMEN & R.F. FLINT (1965): Late Quarternary glacial and vegetational sequence in Valle de Lagunillas, Sierra Nevada del Cocuy, Colombia. – *Leidse Geol. Meded.* 32: 157-182.

GREENSLADE, P.J.M. & P. (1968): Soil and litter Fauna Densities in the Solomon Islands. – *Pedobiologica* 7: 362-370.

GUHL, E. (1950): La Sierra Nevada de Santa Marta. – *Rev. Acad. Colomb. Cienc. Ex. Fis. y Nat.* 8: 111-119, Bogotá.

—— (1968): Los páramos circundantes de la sabana de Bogotá, su ecología y su importancia para el régimen hidrológico de la misma. – *Colloqu. Geogr.* 9: 195-212, Bonn.

—— (1975): Colombia: Bosquejo de su geografía tropical. – Instituto Colomb. De Cultura, Bogotá.

HAFFER, J. (1970): Entstehung und Ausbreitung nordandiner Bergvögel. – *Zool. Jb. Syst.* 97: 301-337.

HALL, J.B. (1973): Vegetational zones on the southern slopes of Mt. Cameroon. – *Vegetatio* 27 (1-3): 49-69.

HEDBERG, O. (1951): Vegetation belts of the East African Mountains. – *Svensk. Bot. Tidskr.* 45 (1): 140-202.

—— (1964): Features of Afroalpine plant Ecology. – *Acta Phytogeogr. Suec.* 49: 1-139, Uppsala

——(1969): Growth Rate of the East African Giant Senecios. *Nature* 222: 163, 164, London.

HEILBORN, O. (1925): Contributions to the ecology of the Ecuadorian paramos with special reference to cushionsplants and osmotic pressure. – *Svensk Bot. Tidskr.* 19: 153-170.

HELLMICH, W. (1949): Auf der Jagd nach der Paramo-Echse. – *Dt. Aquar. Terrar. Z.* 2 (5/6): 89, 90, 105, 106.

HERMANN, R. (1971): Die zeitliche Änderung der Wasserbindung im Boden unter verschiedenen Vegetationsformen der Höhenstufen eines tropischen Hochgebirges (Sierra Nevada de Santa Marta, Kolumbien). – *Erdkunde* 25: 91-102, Bonn.

HERMES, K. (1955): Die Lage der oberen Waldgrenze in den Gebirgen der Erde und ihr Abstand zur Schneegrenze. – Kölner Geogr. Arb. 5, Köln.

HETTNER, A. (1892): Die Kordillere von Bogotá. – Peterm. Geogr. Mitt. Suppl. 104. Gotha. In Übers. durch E. GUHL: La Cordillera de Bogotá. Bogotá 1966.

HIRSCH, G. (1957): Zur Klimatologie und Transpiration an Vegetationsgrenzen. – *Beitr. Biol. Pflanzen* 33: 371-422, Berlin.

HOLDRIDGE, L.R. (1947): Determination of World Plant Formation from Simple Climatic Data. – *Science* 105: 367-368.

HUBACH, E. (1957): Estratigrafía de la Sabana de Bogotá y alrededores. – *Bol. Géológico* 5 (2), Bogotá.

HUGUET DEL VILLAR, E. (1929): Geobotánica. Barcelona.

V. HUMBOLDT, A. (1807): Ideen zu einer Geographie der Pflanzen nebst einem Naturgemälde der Tropenländer. In: A.v. HUMBOLDT & A. BONPLAND, Reise 1. Abt. Bd. 1, Tübingen.

—— (1817) De Distributione Geographica Plantarum secundum Coeli Temperiem et Altitudinem Montium. Prolegomena. Paris.

HUMMELINCK, P.W. (1931): Los páramos venezolanos. – *Bol. Soc. Venezol. Cienc. Nat.* 1 (3): 93, Caracas.

HÜTHER, W. (1966): Besiedlungsdichte und Verteilung der Bodenfauna in Abhängigkeit von Regen- und Trockenzeit in El Salvador. – *Entom. Z.* 76 (16): 177.

Instituto Geográfico „Agustin Codazzi" (1965): Suelos de Ubaté-Chiquinquirá. – *Departamento de Agrologia* 1 (1), Bogotá.

JAHN, E. (1960): Ergebnisse von Bodentieruntersuchungen an der Wald- und Baumgrenze bei Obergurgl. – *Cbl. ges. Forstwesen* 77 (1): 26-51.

JENNY, H. (1948): Great soil groups in the ecuatorial regions of Colombia, S.A. – *Soil Sci.* 66: 5-28, Baltimore M.D.

JULIVERT, M. (1973): Les traits structureaux et l'évolution des Andes Colombiennes. – *Rev. Géogr. Phys. Géol. Dynam.* 15 (1/2): 143-156.

KNAPP, R. (1971): Einführung in die Pflanzensoziologie. Stuttgart.

KOEPCKE, H.-W. (1961): Synökologische Studien an der Westseite der peruanischen Anden. – *Bonner Geogr. Abh.* 29: 1-320, Bonn.

KOEPPEN, W. (1931): Grundriß der Klimakunde. Berlin-Leipzig.

KUBIENA, W.L. (1953): Bestimmungsbuch und Systematik der Böden Europas. Stuttgart
— (1967): Die mikromorphometrische Bodenanalyse. Stuttgart.
— (1970): Micromorphological features of Soil Geography. New Brunswick New Yersey.

LANGNER, S. (1973): Zur Biologie des Hochlandkolibris *Oreotrochilus estella* in den Anden Boliviens. – *Bonner Zool. Beitr.* 24 (1/2): 24-47.

LARCHER, W., A. CERNUSCA & L. SCHMIDT (1973): Stoffproduktion und Energiebilanz in Zwergstrauchbeständen auf dem Patscherkofel bei Innsbruck. In: ELLENBERG, H. (Hrsg.); Ökosystemforschung S. 175-194, Berlin-Heidelberg-New York.

LAUER, W. (1952): Die humiden und ariden Jahreszeiten in Afrika und Südamerika und ihre Beziehungen zu den Vegetationsgürteln. – *Bonner Geogr. Abh.* 9: 1-98, Bonn.

LIETH, H. (1962): Die Stoffproduktion der Pflanzendecke. Stuttgart.

LLANO, M. del (1956) Planeamiento regional de Colombia con fundamento ecológico. – *Suelos Ecuadoriales* 1 (1): 39-45.

LLOYD, P.S. (1968): The ecological significance of fire in limestone grassland communities of the Derbyshire dales. – *J. Ecol.* 56: 811-826, Oxford-Edinburgh.
— (1972): Effects of Fire on a Derbyshire Grassland Community – *Ecology* 53 (5): 915-920, Durham N.C.

LÖTSCHERT, W. (1969): Pflanzen an Grenzstandorten. Stuttgart.

LOZANO-C., G. & R. SCHNETTER (1976): Estudios Ecológicos en el Parámo de Cruz Verde, Colombia II: Las communidades vegetales. – *Caldasia* 11 (54): 53-68, Bogotá.

MANI, M.S. (1962): Introduction to High Altitude Entomology. London.
— (1968): Ecology and Biogeography of High Altitude Insects. The Hague.

MANN, G. (1968): Die Ökosysteme Südamerikas. In: Biogeography and Ecology in South America. Bd. I: 171-229, The Hague.

MIEDEMA, R., TH. PAPE & G.J. VAN DE WAAL (1974): A method to impregnate wet soil samples, producing high-quality thin sections. – *Neth. J. agric. Sci.* 22: 37-39.

MIRANDA, F. (1960): Posible significación del procentaje de géneros bicontinentales en America Tropical. – *Anal. Inst. Biol. México* 30: 117-150, México.

MÜHLENBERG, M. (1976): Freilandökologie. Heidelberg.

MÜLLER, P. (1973): The dispersal centres of terrestrial Vertebrates in the Neotropical realm. The Hague.

MUÑOZ, R.G. (1965): Suelos de Colombia y su relación con la séptima aproximación. – *Inst. Geogr. A. Codazzi, Dep. Agrol.* 1 (3), Bogotá.

MURPHY, P.W. (1953): The biology of forest soils with special reference to the Mesofauna or Meiofauna. – *J. Soil Sci.* 4 (2): 155-193.

NYE, P.H. (1955): Some soil-forming processes in the humid tropics IV: The action of the soil fauna. – *J. Soil. Sci.* 6 (1): 73-82.

ODUM, E.P. (1967): Ökologie. München, Basel, Wien.

OLIVARES, A. (1969): Aves de Cundinamarca. Bogota

OPPENHEIM, V. (1942): Pleistocene glaciations in Colombia. – *Rev. Acad. Colomb. Cienc. Ex. Fis y Nat.* 6 (2): 212-223, Bogotá.

PANNIER, F. (1952a): El climatogramma: Un aspecto nuevo para el conocimiento del clima y de la distribución de la vegetación en Venezuela. In: F. GESSNER & V. VARESCHI: Ergebnisse der deutschen limnologischen Venezuela-Expedition Bd. 1: 57-66, Berlin.
— (1952b): Observaciones sobre la distribución de Pteridofitas venezolanas con relación a la altura sobre el nivel del mar. – *Acta Cientif. Venezol.* 3.
— (1969): Untersuchungen zur Keimung und Kultur von Espeletia, eines endemischen Mega-

phyten der alpinen Zone („Paramos") der venezolanisch-kolumbianischen Anden. – *Ber. Dtsch. Bot. Ges.* 82 (9): 559-571, Stuttgart.

PROBST, W. (1974): Beobachtungen zum Standortklima in verschiedenen Vegetationszonen des Elbursgebirges (Nordiran). *Bot. Jb. Syst.* 94 (1): 65-95, Stuttgart.

QUINTERO QU., J. & VIVES A., J. (1962): Aspecto químico y recuperación de la fertilidad de un „suelo de páramo". – *Boletín Lab. Quimico Nac.* 5: 1-49, Bogotá.

REHM, S. (1973): Landwirtschaftliche Produktivität in regenreichen Tropenländern. – *Umschau Wiss. Techn.* 73 (2): 44-48, Frankfurt/M.

REMMERT, H. (1966): Zur Ökologie der küstennahen Tundra Westspitzbergens. – *Z. Morph. Ökol. Tiere* 58: 162-172.

RICHTER, L. (1941-1943): Contribución al conocimiento de las Membracidae de Colombia. I. *Caldasia* 2: 67-74/1941a II. *Caldasia* 3: 41-48/1941b, III. *Caldasia* 5: 41-49/1942.

RINGUELET, R.A. (1974): Los hirudineos terrestres del genero *Blanchardiella* WEBER del páramo nor-andino de Colombia. – *Physis Secc. B Aguas Cont. Org.* 33 (86): 63-69.

SALT, G. (1954): A contribution to the Ecology of Upper Kilimanjaro. – *J. Ecol.* 42: 375-423, Cambridge.

SCHAERFFENBERG, B. (1950): Untersuchungen über die Bedeutung der Enchytraeiden als Humusbildner und Nematodenfeinde. – *Z. Pflanzenkrankh. Pfl. schutz* 57 (5/6): 183-191.

SCHALLER, F. (1961): Die Tierwelt der tropischen Böden. – *Umschau Wiss. Techn.* 61 (4): 97-100.

–– (1963): Bodenzoologische Untersuchungen in Südamerika und Afrika. – *Forsch. Fortschr.* 37 (4): 100-104, (5): 134-137.

SCHAUFELBERGER, P.: Un sistema para la clasificación de los suelos de Colombia. – *Bol. inf. Centro Nac. Invest. Café* 6 (63): 1-83, Chinchiná, Colombia.

SCHMIDT, R.D. (1952): Die Niederschlagsverteilung im andinen Kolumbien. – *Bonner Geogr. Abh.* 9: 99-119, Bonn.

SCHNETTER, R. (1971): Untersuchungen zum Wärme- und Wasserhaushalt ausgewählter Pflanzenarten des Trockengebietes von Santa Marta (Kolumbien). – *Beitr. Biol. Pfl.* 47: 155-213, Berlin.

SCHNETTER, M.-L. & H. CARDOZO G. (1976): Estudios ecológicos en el Páramo de Cruz Verde, Colombia IV. La actividad biológica del suelo en diferentes asociaciones vegetales – *Caldasia* 11 (54): 85-91, Bogotá.

SCHNETTER, R., G. LOZANO-C., M.-L. SCHNETTER & H. CARDOZO G. (1976): Estudios ecológicos en el Páramo de Cruz Verde, Colombia I. Ubicación geográfica, factores climáticos y edáficos. – *Caldasia* 11 (54): 25-52, Bogotá.

SCHMITHÜSEN, J. (1968): Allgemeine Vegetationsgeographie. In: Lehrbuch der allgemeinen Geographie Bd. 4, 3. Aufl., Berlin.

SCHRÖDER, R. (1952): Die Verteilung der mittleren Lufttemperatur in Kolumbien. – *Studien Vegetat. u. Landschaftskde d. Tropen* 3: 120-122, Bonn.

SCHUBART, H. & L. BECK (1968): Zur Coleopterenfauna amazonischer Böden. – *Amazoniana* 1 (4): 311-322.

SCHWEIGER, H. (1969): Gebirgssysteme als Zentren der Artbildung. – *Dtsche Entomol. Z.* 16 (1-3): 159-174.

SCHWERDTFEGER, F. (1975): Ökologie der Tiere. Bd. III: Synökologie. Hamburg und Berlin.

SHREVE, F. (1924): Soil temperature as influenced by altitude and slope exposure. – *Ecology* 5: 128-136, Durham N.C.

SKUHRAVY, V. (1970): Zur Anlockungsfähigkeit von Formalin für Carabiden in Bodenfallen. – *Beitr. Entomol.* 20 (3/4): 371-374.

SMITH, A.C. & M.F. KOCH (1935): The genus Espeletia: A study in Phylogenetic Taxonomy. – *Brittonia* 1: 479-530.

SMITH, A.P. (1972): Notes on wind-related growth patterns of paramo plants in Venezuela. – *Biotropica* 4 (1): 10-16, Washington.

Soil Survey Staff (1960): Soil classification a comprehensive system. 7th approximation. – Soil Conserv. Serv. U.S. Dep. Agric.

SOUTHWOOD, T.R.E. (1968): Ecological Methods. London

STONE, B. (1963): Archipelagic Refuge. Endemic floras abound in Hawaiian chain. – *Nat. Hist.*: 33-39, New York.

STRENZKE, K. (1952): Untersuchungen über die Tiergemeinschaften des Bodens: Die Oribatiden und ihre Synusien in den Böden Norddeutschlands. – *Zoologica* 37 (104): 1-161.

STURM, H. (1959): Die Nahrung der Proturen. – *Naturwissensch.* 46 (2): 90, 91, Göttingen.

—, A. ABOUCHAAR L., R. DE BERNAL & C. DE HOYOS (1970): Distribución de animales en las capas bajas de un bosque húmedo tropical de la región Carare-Opón (Santander, Colombia). – *Caldasia* 10 (50): 529-578, Bogotá.

— (1974): Zur Taxonomie der Gattung *Meinertellus* SILVESTRI (Ins.: Thysanura: Machiloidea). – *Abh. Verh. naturw. Ver. Hamburg* (NF) 17: 157-220.

SWAN, L.W. (1952): Some environmental conditions influencing life at high altitude. – *Ecology* 33 (1): 109-111, Durham N.C.

— (1963): Ecology of the heigths. – *Nat. Hist.*: 23-29, New York.

THORNTHWAITE, C.W. (1948): An approach toward a rational classification of climate. – *Geogr. Rev.* 38: 55-94.

TISCHLER, W. (1957): Ökologie der Landtiere. In: Handbuch der Biologie Bd. 3: 49-114, Konstanz.

TROLL, C. (1932): Die Landschaftsgürtel der tropischen Anden. – Verh. u. wiss. Abh. 24. Dtsch. Geogr. tag Danzig 1931: 264-270, Breslau.

— (1941): Studien zur vergleichenden Geographie der Hochgebirge der Erde. – Ber. 23. Hauptv. Ges. Fr. u. Förd. Univ. Bonn: 49-96, Bonn.

— (1943): Die Stellung der Indianer-Hochkulturen im Landschaftsaufbau der tropischen Anden. – *Z. Ges. f. Erdk.* 1943: 93-128, Berlin.

— (1948): Der asymmetrische Aufbau der Vegetationszonen und Vegetationsstufen auf der Nord. und Südhalbkugel. – Ber. Geobot. Forschungsinst. Rübel Zürich 1947: 46-83, Zürich.

— (1952): Die Lokalwinde der Tropengebirge und ihr Einfluß auf Niederschlag und Vegetation. – *Bonner Geogr. Abh.* 9: 124-182, Bonn.

— (1955): Über das Wesen der Hochgebirgsnatur. – *Jb. Dtsch. Alpenv.* 80: 142-157.

— (1956a): Das Wasser als pflanzengeographischer Faktor. – In: W. RUHLAND (Hrsg.): Handbuch der Pflanzenphysiologie Bd. 3: 750-786, Berlin-Göttingen-Heidelberg.

— (1956b): Der Klima- und Vegetationsaufbau der Erde im Lichte neuerer Forschungen. – *Jb. Akad. Wiss. u. Lit. Mainz* 1956: 216-229.

— (1959): Die tropischen Gebirge. – *Bonner Geogr. Abh.* 25: 1-93, Bonn.

— (1960): Die Physiognomik der Gewächse als Ausdruck der ökologischen Lebensbedingungen. – Dtsch. Geogr. tag Berlin 1959: 97-122, Wiesbaden.

— (1961): Klima und Pflanzenkleid der Erde in dreidimensionaler Sicht. – *Naturwissensch.* 48 (9): 332-348, Göttingen.

— (1966): Ökologische Landschaftsforschung und vergleichende Hochgebirgsforschung (Sammelband mit 13 Arbeiten). Wiesbaden.

TURNER, H. (1958): Maximaltemperaturen oberflächennaher Bodenschichten an der alpinen Waldgrenze. – *Wetter u. Leben* 10: 1-12, Wien.

TUXEN, S.L. (1976): Protura of Columbia (Insecta). – *Stud. Neotropical Fauna Env.* 11: 25-36.

UHLIG, H. (1966): Die Sierra Nevada de Santa Marta (Kolumbien). – *Natur u. Mus.* 96 (2): 50-59, Frankfurt/M.

VANDEL, A. (1972): Les Isopodes Terrestres de la Colombie. – *Stud. Neotropical Fauna* 7: 147-172.

VAN DER HAMMEN, T. (1965): A Late-Glacial and Holocene Pollen-diagram from Cienaga de Visitador (Dept. Boyacá, Colombia). – *Leidse Geol. Meded.* 32: 193-201.

— (1968): Climatic and vegetational succession in the Equatorial Andes of Colombia. – *Coll. Geogr.* 9: 187-194, Bonn.

— (1974): The pleistocene changes of vegetation and climate in tropical South America. – *J. Biogeogr.* 1: 3-26;

— & E. GONZALEZ (1963): Historia de clima y vegetación del Pleistoceno superior y del Holoceno de la Sabana de Bogotá. – *Bol. Geol.* 11 (1-3): 189-266, Bogotá.

— J.H. WERNER & H. VAN DOMMELEN (1973): Palynológical record of the Upheavel of the Northern Andes: A study of Pliocene and lower Quaternary of the Colombian Eastern Cordillera and the early evolution of its High-Andean biota. – *Rev. Palaeobot. Palynol.* 16 (1/2): 1-122, Amsterdam.

VAN EMDEN, H.F. (Hrsg.) (1973): Insect-Plant Relationships. Oxford-London-Edinburgh.

VAN STEENIS, C.G.G.J. (1935): The Origin of the Malaysian Mountain Flora 2. Altitudinal Zones, General Considerations and Renewed Statement of the Problem. – *Bull. Jard. bot. Buitenzorg Sér.* 3, 13 (3): 289-417.

—— (1962): Die Gebirgsflora der malesischen Tropen. – *Endeavour* 21 (83/84): 183-194, London.

VARESCHI, V. (1953): Sobre las superficies de asimilación de sociedades vegetales de cordilleras tropicales y extratropicales. – *Bol. Soc. Ven. Cienc. Nat.* 14 (79): 121-173, Caracas.

—— (1954/55): Monografías geobotánicas de Venezuela I. Rasgos geobotánicos sobre el Pico de Naiguatá. – *Acta Cient. Venez.* 5/6: 180-201.

—— (1970): Flora de los Páramos de Venezuela. Mérida.

VOLZ, P. (1964): Über die soziologische und die physiognomische Forschungsrichtung in der Bodenzoologie. – *Verh. Dtsch. Zool. Ges. Kiel*: 522-532, Stuttgart.

VUILLEUMIER, B.S. (1971): Pleistocene Changes in the Fauna and Flora of South America. – *Science* 173 (3999): 771-780.

WALTER, H. (1955): Klimagramme als Mittel zur Beurteilung der Klimaverhältnisse für ökologische vegetationskundliche und landwirtschaftliche Zwecke. – *Ber. dtsch. bot. Ges.* 68: 331-344, Stuttgart.

—— (1960): Einführung in die Phytologie Bd. 3/1: Standortslehre 2. Aufl. Stuttgart.

—— Die Vegetation der Erde in ökophysiologischer Betrachtung Stuttgart. Bd. 1: Die tropischen und subtropischen Zonen. 3. Aufl. 1973. Bd. 2: Die gemäßigten und arktischen Zonen. 1968.

—— & E. MEDINA (1969): Die Bodentemperatur als ausschlaggebender Faktor für die Gliederung der subalpinen und alpinen Stufe in den Anden Venezuelas. – *Ber. dtsch. bot. Ges.* 82 (3/4): 275-281, Stuttgart.

WATERHOUSE, F.L. (1950): Humidity and temperature in grass microclimates with reference to insolation. – *Nature* 166: 232-233, London.

WEBER, H. (1956): Histogenetische Untersuchungen am Sproßscheitel von Espeletia mit einem Überblick über das Scheitelwachstum überhaupt. – Abh. Akad. Wiss. u. Lit. Mainz Math.-naturw. Kl. 1956: 566-618, Wiesbaden.

—— (1958): Die Paramos von Costa Rica und ihre pflanzengeographische Verkettung mit den Hochanden Südamerikas. – loco cit. 3: 117-194.

WEBERBAUER, A. (1911): Die Pflanzenwelt der peruanischen Anden. Leipzig.

—— (1930): Untersuchungen über die Temperaturverhältnisse des Bodens im hochandinen Gebiet Perus und ihre Bedeutung für das Pflanzenleben. – *Englers Bot. Jb.* 63 (4): 330-349, Leipzig.

—— (1945): El mundo Vegetal de los Andes Peruanos. Lima.

WILHELMY, H. (1957): Eiszeit und Eiszeitklima in den feuchttropischen Anden. – *Peterm. Geogr. Mitt. Erg. H.* 262: 281-310, Gotha.

WINTER, Ch. (1963): Zur Ökologie und Taxionomie der neotropischen Bodentiere. II. Zur Collembolen-Fauna Perus. – *Zool. Jb. Syst.* 90: 393-520.

WRIGHT, A.C.S. (1964): The „Andosols" or „Humic Allophane" Soils of South America. – *World Soil, Res. Rep. S.* 9-22. Rom, FAO.

ZACHARIAE, G. (1965): Spuren tierischer Tätigkeit im Boden des Buchenwaldes: – Forstw. Forsch. (Beih. Forstw. Centralbl.) 20: 1-68, Hamburg-Berlin.

ZOETTL, H.W. (1970): Die Eisendynamik in Böden der Paramo-Stufe der Anden Venezuelas. – *Z. Pflanzenern. Bodenk.* 127 (1): 10-18, Weinheim/Bergstr.

Anschrift des Autors:

Prof. Dr. H. Sturm
Landsberger Str. 20
D-3200 Hildesheim
F.R.G.